双歧杆菌
的 奥 秘

谭 瑛 谭姚修石◎著

天津出版传媒集团

天津科学技术出版社

图书在版编目（CIP）数据

双歧杆菌的奥秘 / 谭瑛, 谭姚修石著. -- 天津：
天津科学技术出版社, 2025.4.--ISBN 978-7-5742
-2823-8

Ⅰ.Q939.13-49

中国国家版本馆 CIP 数据核字第 2025V4D700 号

双歧杆菌的奥秘

SHUANGQIGANJUN DE AOMI

责任编辑：张　冲

出　　版：天津出版传媒集团

　　　　　天津科学技术出版社

地　　址：天津市西康路35号

邮　　编：300051

电　　话：（022）23332390

网　　址：www.tjkjcbs.com.cn

发　　行：新华书店经销

印　　刷：香河县宏润印刷有限公司

开本710×1000　1/16　印张12.5　字数174 000

2025年4月第1版第1次印刷

定价：88.00元

人到中年为何会百病横生

中年时期是人生的一个分水岭，此时比较容易被疾病困扰。年轻时，为了生活和工作，我们常常透支着自己的体力，一旦身体免疫力下降，身体机能就会逐渐走向衰退；随着新陈代谢的日益放缓，机体恢复能力减弱，自然容易出现各种问题，如高血压、高血脂、高血糖、动脉粥样硬化、便秘、失眠、胃肠功能减弱等疾病，这个阶段也因此被称为疾病形成期。而一旦到了46~55岁，身体的黄金周期就会过去，除了易患冠心病、甲状腺疾病、颈椎病、癌症、糖尿病等病症，有时还会因为器官功能异常而出现生命危险，所以这段时间也被称为生命的"高危期"。

人到中年，我们为何会百病缠身？具体原因如下。

1. 人到中年，生命开始退化，衰老是不可抗拒的自然规律

（1）肠道内的菌群失衡明显。中年时期，肠道内的优势菌群，与之前比较，出现了较大的变化。尤其是双歧杆菌在肠道内的数量占比不足30%，与婴儿期的90%以上和青少年时期的50%以上相比，下滑十分显著。双歧杆菌的显著减少导致人对食物的消化、吸收和能量利用的能力减弱。此外，人到中年，面临上有老、下有小的家庭压力，以及工作压力和自身的身体压力。这些因素共同导致器官功能减弱，甚至异常。

1

（2）骨密度下降。中年时期，我们的骨质开始流失，进入自然老化过程，尤其是绝经后的女性骨质流失更快。骨质流失太快，就容易出现骨质疏松，严重者还会出现骨折。50岁以上的男性和45岁以上的女性是骨质疏松的高发群体。

（3）肌肉减少。通常，到50岁时，男性的肌肉量会减少约1/3，而女性会减少约1/2。这种肌肉量的减少，会导致健康状况明显变差，容易引发跌倒和骨折等问题。

（4）关节老化。人的关节就像轮胎，使用的时间长了，就会慢慢磨损。中年时，很多人远不如年轻时苗条，体重会慢慢增加。这会给关节造成更大的压力，加重关节的老化，甚至出现关节肿痛、引发关节炎等。

（5）器官衰老。比如，从40岁开始我们的心脏开始老化，尤其是45岁以上的男性和55岁以上的女性心脏病发作的概率更大。而肠道从55岁开始衰老，可能导致人体消化功能下降，增加患便秘和肠道疾病的风险。

2. 平时缺乏合理科学的养生保健，尤其是缺少中医养生和自我保健知识

（1）小病久拖不治。面对一些看似不严重的小病症，许多人往往忽视了医生的建议，妄想问题会自行缓解。其实，小病症极有可能是大健康问题的前兆，若不及时治疗，可能就会逐渐演变成严重疾病，从而影响我们的寿命。中医强调"治未病"，即在疾病尚未发展到严重阶段时，就要采取一定的措施调理身体，预防疾病的发生。

（2）久坐、缺少运动。运动可以促进气血运行，保持脏腑功能的协调，提高体内的阳气，增强体质，从而影响寿命。久坐、缺乏足够的运动，就容易引发肥胖、心血管疾病、糖尿病等健康问题。

（3）经常吸烟或喝酒。吸烟不仅会直接损害呼吸系统，还与多种癌症和心血管疾病相关。过量饮酒则可能导致肝脏疾病、神经系统疾病等健康

问题。

（4）习惯于熬夜。在现代社会，许多人习惯于熬夜，长期作息不规律，导致睡眠不足。这样一来免疫系统的功能就容易下降，进而引发心血管问题及一系列生理问题。切记，熬夜是最容易损害健康和缩短寿命的行为之一。

3. 多年累积的各种负面因素爆发

多年不停地忙碌于工作和生活，使我们承受着巨大的精神压力，同时遭受环境伤害，再加上情感伤害的累积，生命功能便会逐渐衰退。随着免疫功能的下降，身体抵抗疾病的能力减弱，自然就容易频发各种疾病。

4. 双歧杆菌的数量减少

双歧杆菌是人体肠道菌群的重要组成成员之一。从胎儿时期开始，人类就开始接触双歧杆菌。对于母乳喂养的婴儿，其肠道中双歧杆菌的数量占益生菌的99%。断奶后，该菌数量会持续减少。此外，不健康的生活习惯、情绪波动、压力及酗酒等因素都会加速双歧杆菌的流失。到了老年时期，这一比例可能不足10%。

现实中，如果你已到中年，但尚未出现上述的那些疾病症状，那么恭喜你！这至少说明你的身体比较健康。但这并不意味着你可以掉以轻心，因为如果你依然按照目前的习惯来生活而不做任何预防，这些疾病迟早还是可能会找上门来。

肠道是加工、吸收、输送人类生命营养元素极为重要的器官，也是防治疾病、提高免疫功能的关键。肠道调理对中医养生、自我保健具有很好的效果。比如，活性双歧杆菌作为益生菌中的重要成员，可以帮助调理多年顽固性胃病、肠炎、直肠癌、不孕不育等，提高免疫功能。

科学家研究发现，肠道是人体最大的免疫器官，90%的疾病都可以依靠免疫功能来预防，而70%的免疫功能则源于肠道，更准确地说是来源于肠道中的双歧杆菌等益生菌（肠道微生物）。

双歧杆菌有助于改善肠道健康。肠道内的双歧杆菌可通过自我更替及溶解，令菌体的成分被身体吸收，从而有助于提高免疫力、平息免疫紊乱，使免疫系统保持平衡稳定。同时，它们还能双向调节身体的营养平衡，并逐步修复受损的器官及其功能。

双歧杆菌数量的显著或异常减少是"不健康"状态的标志。因此，双歧杆菌是人体健康状况的一个晴雨表。

胡保罗

2024 年 5 月 13 日

目录

中篇
双歧杆菌与肠道健康

下篇
双歧杆菌的发展和健康密码

上篇
双歧杆菌的那些事

第一章　解密双歧杆菌

人体肠道内生活着大量的细菌，这些细菌通常被称为肠道菌群。肠道菌群的构成对人体健康至关重要。近年来，诸多研究揭示了人类健康与肠道菌群之间的密切关系。肥胖、糖尿病、高血压、抑郁症、阿尔茨海默病等病症与肠道菌群的变化密切相关。在众多的肠道菌群中，特别值得一提的是双歧杆菌，因为它是健康长寿的关键之一。

一、双歧杆菌概述

（一）双歧杆菌的起源

何为双歧杆菌？双歧杆菌是一个细菌属名，最早由法国巴斯德研究所的儿科医生亨利·蒂西埃从母乳喂养的健康婴儿的粪便中分离出来，是一种厌氧的革兰氏阳性杆菌，广泛存在于人和动物的消化道、阴道和口腔等环境中。近年来，随着肠道微生物组学研究的不断发展，人们更加意识到了双歧杆菌的重要性。

1889 年，一名法国儿科医生在显微镜下观察婴儿粪便，发现了一种呈 Y 字形的细菌，这就是双歧杆菌。它的样子像木杆一样，一端或两端分叉。之后，他又持续进行观察，发现胎儿在母体内时，其肠道内是无菌的，出生以后去掉口膜，通过接触外源空气、食物、饮水、物品、亲人，以及哺乳、吮吸手指等，肠道中才会出现细菌。具体而言，第一天大肠杆菌就会出现；第二天，双歧杆菌开始出现；第五天，双歧杆菌的数量已经在众多细菌种类中占据优势。在一个 2 岁健康婴儿的肠道内，双歧杆菌的数量占总量的 90% 以上。因此，健康婴儿的皮肤、眼睛、神态等方面都十分惹人喜爱。美容人士经常提到的"婴儿肤"，也正是指这个阶段婴儿的皮肤状态。

（二）婴儿肠道细菌从哪里来的

细菌，在我们的生活中无处不在，如我们的身上、衣服上、用具上甚至空气里都充斥着许多细菌。这些细菌很容易进入婴儿体内，而婴儿稚嫩、柔软、空旷的肠道也欢迎大肠杆菌等各种细菌的入住。那么，双歧杆菌是如何进入婴儿体内的呢？研究者是这样解释的：双歧杆菌会通过嘴唇（哺乳、亲吻）、皮肤（乳头、嘴唇）、婴儿吮吸手指（分娩前，母亲阴道里的双歧杆菌数量会远超平时；婴儿经产道分娩后，指甲上会残留双歧杆菌）等方式，进入婴儿体内。

也就是说，婴儿往往会通过如下三种途径获得双歧杆菌。第一，婴儿吮吸手指时，指甲上残留的来自母体阴道内的双歧杆菌就会进入婴儿体内。第二，在吃母乳的过程中，婴儿会获得母亲乳晕、乳头及乳腺管皮下存活的双歧杆菌。第三，母亲及亲人亲吻婴儿嘴唇的时候，就会把口腔内的双歧杆菌传递给婴儿。

然而现实中，很多准妈妈都不愿意自然分娩。对于通过剖宫产方式出生的婴儿来说，他们无法从妈妈的阴道中获得双歧杆菌。有些新妈妈甚至为了保持乳房的美观而不愿哺乳，这同样使婴儿失去了通过哺乳获得双歧杆菌的机会……虽然孩子可以喝牛奶，但喝牛奶长大的婴儿肠道内的双歧杆菌只相当于吃母乳的孩子的十分之一。

总之，我们的肠道天然需要双歧杆菌，而双歧杆菌入住我们的肠道也是天生的。双歧杆菌是人类在生命进化过程中自然选择的重要微生物，是母亲送给后代的礼物。人体的双歧杆菌，主要来自母亲的外源传递，同时也可能包括长期陪伴者（父亲及少量其他亲人）的贡献。

（三）双歧杆菌是"肠道卫士"

作为人和动物肠道内最主要的正常菌群之一，双歧杆菌在维持人体微生态平衡中发挥着重要作用。

双歧杆菌不仅可以合成多种消化酶、乳糖酶、有机酸、多种氨基酸和维生素，还可以拮抗多数肠道病原菌及微生物，调节肠道屏障功能，有效预防肠道炎症的发生，对肠道系统起到很好的保护与调节作用。患有腹泻或便秘的人，通过摄入益生菌，往往可以改善症状。

近几年，双歧杆菌又在幽门螺杆菌的治疗上崭露头角。研究发现，除了对治疗自身免疫性和炎症性疾病等有直接作用外，双歧杆菌还具有独立的抗肿瘤活性，可以增强机体对肿瘤的免疫力。

作为"肠道卫士"，从我们出生开始，双歧杆菌就会伴随我们一生。随着年龄的增长，肠道内的双歧杆菌总浓度会不断下降。双歧杆菌不能通过日常的饮食补充，会随人身衰老呈现单边递减趋势。成年时期，肠道内双歧杆菌的数量仅为人体双歧杆菌高峰期数值的 30% 以内。而到了老年时期，肠道内双歧杆菌浓度会再次下降。当双歧杆菌减少到一定程度时，健康乃至生命都可能受到威胁。

（四）双歧杆菌的生物学特性

双歧杆菌的细胞形态多样，包括短杆状、近球状、长弯杆状、分叉杆状、棍棒状或匙状；细胞单个或排列成 V 形、栅栏状、星状；不会抗酸，不会形成芽孢，不会运动（我们发现双歧杆菌也会运动。只是在遇到氧气的时候，1~2 秒钟就会迅速死亡，因此，至今很多人都无法看到运动的双歧杆菌）；专性厌氧；菌落较小、光滑、凸圆、边缘完整，呈乳脂色至白色。

双歧杆菌的最适生长温度为 37~41℃，最低生长温度范围为 25~28℃，最高生长温度范围为 43~45℃。其初始生长最适 pH 为 6.5~7.0，而生长的 pH 范围一般为 4.5~8.5。

双歧杆菌对氯霉素、林可霉素、四环素、青霉素、万古霉素、红霉素和杆菌肽等抗生素敏感，对多黏菌素 B、卡那霉素、庆大霉素、链霉素和新霉素不敏感。

（五）益生菌、乳酸菌和双歧杆菌的区别

益生菌、乳酸菌和双歧杆菌的主要区别在于以下几方面。

1. 概念不同

2001 年，联合国粮农组织 / 世界卫生组织联合专家委员会提出了益生菌的科学定义：益生菌系指活的微生物，当摄取足够数量时，对宿主健康有

益。目前，这一概念已被全世界广泛使用。益生菌是通过定植在人体内、改变宿主（能给病原体提供营养和场所的生物，包括人和动物）某一部位菌群组成的一类对宿主有益的活性微生物，可以调节宿主黏膜与系统免疫功能或肠道内菌群平衡，促进营养吸收，保持肠道健康。这个概念中，有四个关键词：活的、微生物、足够数量、有益。

乳酸菌是一类能利用可发酵碳水化合物产生大量乳酸的细菌的统称。乳酸菌在自然界分布异常广泛，物种多样，至少包含 18 个属，共 200 多种，多数都是人体内必不可少的且具有重要生理功能的菌群，广泛存在于人体的肠道中。目前的研究已发现，自然界中至少有 23 个属的细菌可以产生乳酸，主要包括双歧杆菌属、乳杆菌属、肠球菌属、链球菌属、芽孢菌属及梭菌属等。这些细菌都可以被称为乳酸菌。泡菜、酸奶等都依赖于乳酸菌的作用。

双歧杆菌是人体肠道中最重要、数量占比唯一可以达到 90% 以上的益生菌。它是一种革兰阳性、厌氧、不运动的分歧杆菌，末端常常分叉。它存在于我们的肠道、口腔、阴道等部位。

2. 种类不同

益生菌的种类很多，主要包括乳杆菌、双歧杆菌、球菌、酵母菌、芽孢杆菌、霉菌等。生活中的益生菌产品分布十分普遍，比如发面用的酵母菌、食用真菌（蘑菇、木耳、灵芝、虫草、竹荪等）、酱油、醋、各种酒（白酒、葡萄酒、米酒、黄酒、伏特加等）、各种酱（大酱、麦酱、甜面酱、豆瓣酱等）、酸奶、泡菜、咸菜、纳豆、豆瓣、豆腐乳、豆豉、火腿、酱板鸭、腊肉等。可以说，每个人每天都可能自觉或不自觉地摄入了大量的益生菌或者益生菌产品。这有助于维持肠道健康和促进消化。

按照生化分类法，乳酸菌分为乳杆菌属、链球菌属、明串珠菌属、双歧杆菌属和片球菌属。也就是说，益生菌包含部分乳酸菌，但并非所有的乳酸菌都是益生菌，因为有些乳酸菌对人体有害。

双歧杆菌作为益生菌的一种，在调节人体健康方面发挥着重要作用。在双歧杆菌的概念出现之前，益生菌以及相关酸奶产品的销量并不好。自从引入双歧杆菌的概念之后，酸奶开始在全国范围内流行。至今，很多益生菌产品仍强调含有双歧杆菌。但是，绝大多数双歧杆菌严格厌氧，因此在益生菌产品中检测出活的双歧杆菌十分困难。而通过严苛的胃酸环境后，活着到达肠道内的双歧杆菌更是微乎其微。

3. 功能不同

益生菌和乳酸菌都可以对人体肠道起调节作用，功能差不多。只不过益生菌都是对人体有益的，而部分乳酸菌对人体有害。

双歧杆菌不仅能在人体消化道内定植，而且能产生乙酸、多种酶、多种小肽、多种维生素等代谢物质，对人体具有保持健康、维持免疫平衡、抗肿瘤、抗衰老等多方面的作用。所以，目前普遍认为，双歧杆菌比其他益生菌及乳酸菌更能促进人体的健康。双歧杆菌的适用人群十分广泛。

二、双歧杆菌的研究历史

1889 年，亨利·蒂西埃发现双歧杆菌后，人们又陆续发现了更多的双歧杆菌属成员，对双歧杆菌的生理功能进行了深入的发掘与研究。经过一个世纪的发展，特别是近年肠道微生物组学研究的发展，更多的人意识到了双歧杆菌的重要性。

（一）双歧杆菌的"原住民"身份

在益生菌的大家庭中，双歧杆菌之所以能脱颖而出，主要有这样几个原因。

第一，双歧杆菌是肠道中的"原住民"，从我们一出生就在我们的肠道里安家落户，是我们最忠实的伙伴。

第二，双歧杆菌的战斗力极强，能有效抑制有害细菌的生长，保护我们的肠道不受侵害；它能帮助我们合成一些重要的营养物质，比如维生素 B 和维生素 K，让我们的身体更加强壮。

第三，双歧杆菌具备"多功能性"，不仅有助于消化，还能调节我们的免疫系统，减少过敏反应。甚至有研究表明，它还能影响我们的心情和行为。

第四，双歧杆菌对于改善肠道功能、预防和治疗腹泻、减少过敏反应、抗肿瘤、抗衰老等具有重要作用，是益生菌中的佼佼者，被广泛用于发酵乳品，甚至食品加工、饮料、动物养殖、种植及加工等行业之中。双歧杆菌必将为生物经济助力，必将成为微生物经济的重要一员，也必将为中国的大健康战略发挥应有的作用。

（二）双歧杆菌的能力和作用

目前，对于双歧杆菌的研究，最引人注目的是其生理活性，比如免疫赋活作用、抗肿瘤、降血脂、抗癫痫病以及其亚细胞结构成分对机体免疫系统的调节作用等。现将有关这方面的研究进展介绍如下。

1. 双歧杆菌的免疫增强作用

双歧杆菌的免疫增强作用贯穿于上述各种作用的机理中，比如将双歧杆菌及其表面结构成分作为生物应答剂经口服，或非肠道途径增强宿主的免疫监视功能，可提高各种细胞因子和抗体的产生，提高 NK 细胞（自然杀伤细胞）和巨噬细胞活性，提高局部或全身的防御功能，发挥自稳调节、抗感染效应。作为一种免疫调节剂，双歧杆菌可以提高宿主的免疫力，还可以有效预防系列性疑难病症。

2. 双歧杆菌改善脂质代谢的作用

双歧杆菌可以降低血清胆固醇和甘油三酯，改善脂质代谢。微生态学的研究已经发现，某些肠道有益菌确实能将胆固醇氧化还原为类固醇排出体外，干扰并减少胆酸与胆固醇的再吸收，使血及肝脏中的胆固醇降低。

3. 双歧杆菌的抗衰老作用

双歧杆菌能抑制腐败菌，减少代谢产物中的氨、硫化氢、靛基质、酚、皂酚及粪臭素等有害物质，进而延缓机体的衰老。

4. 双歧杆菌对癫痫病的治疗作用

实验证明，癫痫病的发作与脑内 GABA（γ - 氨基丁酸）密切相关，因此许多经典的抗癫痫药物都是通过改变脑内 GABA 水平或调节 GABA 受体而发挥作用。脑内 GABA 由脑内谷氨酸脱羧酶（GAD）脱羧而成，这个反应需要维生素 B_6 作辅酶。实验发现，外源性维生素 B_6 对癫痫病并没有明显的抑制效应，但向实验动物投喂双歧杆菌，却能有效抑制其癫痫病的发作。

（三）双歧杆菌的研究史

1900年，亨利·蒂西埃从新生婴儿的粪便中发现了双歧杆菌，称它为革兰氏阳性弯曲和分叉杆状细胞双歧杆菌。如今，蒂西埃的原始分离株被称为两歧双歧杆菌。

不久之后，作为诺贝尔奖获得者，蒂西埃的同事梅契尼科夫在研究活力和长寿理论时，融入了蒂西埃的双歧杆菌。虽然早期关于发酵乳的报道，已经隐含说出了发酵乳对健康的益处，但梅契尼科夫却是将其作为科学依据的第一人。

梅契尼科夫通过分析"摄入的乳酸杆菌含量对健康和长寿的影响"发现，酸奶是最有益的食品。结果，该言论一经刊出，便导致公众对酸奶产品的需求骤增。

梅契尼科夫提出，肠道微生物群不仅可以控制肠道病原体感染的结果，还可以调节自然的慢性毒血症，减少衰老和死亡率。虽然随着他的去世，人们对细菌疗法的兴趣已经大大降低，但对于在饮食中使用乳酸菌的研究一直持续了一个世纪。

如今，研究者在健康的母乳喂养的婴儿的粪便中发现了大量的双歧杆菌和双歧杆菌的发酵/酸化性质。这就告诉我们：双歧杆菌对人类营养和肠道健康有很大的益处。

三、双歧杆菌的种属分类

双歧杆菌科为双歧杆菌目的唯一一科细菌。此科的模式属为双歧杆菌属。

双歧杆菌属为革兰氏阳性菌，隶属于双歧杆菌科双歧杆菌目。此属的模式种为两歧双歧杆菌。

双歧杆菌目截止到2012年发现有32种；截止到2019年发现有37种，

49 个亚种。

双歧杆菌是放线菌纲下面一个单独的目，这表明其地位之高。双歧杆菌广泛存在于人类和动物的肠道中，是人体内占比最多、作用最重要的益生菌菌群。它们以 Y 形或 V 形的细胞结构而著称，具有独特的生物学特性和多样的健康益处。

双歧杆菌的种类繁多，根据栖息宿主的不同，可以分为婴儿双歧杆菌、长双歧杆菌、动物双歧杆菌等。不同种类的双歧杆菌在肠道微生态中扮演着不同的角色，包括促进肠道蠕动、抑制有害细菌生长、增强肠道屏障功能以及调节宿主的免疫反应等。

与人有关的双歧杆菌菌株有：长双歧杆菌、婴儿双歧杆菌、短双歧杆菌、青春双歧杆菌、梭形双歧杆菌、链状双歧杆菌、假链双歧杆菌和齿状双歧杆菌。

双歧杆菌是婴儿肠道内的优势菌，也是成人肠道中占绝对优势的正常寄宿菌。它可以在小肠、大肠中生存。但是，小肠中的双歧杆菌数量比大肠和粪便中少。随着年龄增加和人体健康程度降低，肠道内的双歧杆菌逐渐减少。同时，它还存在于人的口腔、阴道。猪、鸡、牛、羊、马、骡、骆驼、鹿、鱼、虾、蟹、贝等常规饲养的动物体内，也有大量双歧杆菌。猴子、猩猩、蜜蜂、鸽子等非常见动物及部分鸟类体内也发现大量双歧杆菌。此外，在海鳗、大黄鱼、海参、鲍鱼等海生生物体内也有大量的双歧杆菌。在环境中，相关人员也检测出过双歧杆菌。

双歧杆菌主要通过肠道中的多种小肽、维生素、酶、短链脂肪酸以及与其他微生物的相互作用，维持肠道微生态平衡。了解双歧杆菌的概念和种类，有益于开发新型益生菌产品、优化肠道健康干预策略、促进个性化医疗。只要我们进一步探索不同双歧杆菌种类的特定功能，并了解它们如何与宿主的遗传背景和生活方式相互作用，就能为人类健康带来更多的科学依据和应用前景。

（一）双歧杆菌的分类

双歧杆菌绝大多数属于厌氧菌，研究起来难度大。双歧杆菌的分类是不断发展变化的。早期的属水平的鉴别方法一般局限于形态学和生理生化方法。由于双歧杆菌属的特征非常多样化，导致其分类结果缺乏可靠性。这使得双歧杆菌的分类体系历经多次修订。

目前，随着分子生物学的发展和各项技术，包括16SrRNA序列分析、荧光原位杂交、脉冲电场凝胶电泳、特异性基因PCR扩增等的应用，研究者从多方面对双歧杆菌进行了验证，使得分类结果更加可靠。

双歧杆菌属共含有32个种。如表1-1所示。

表1-1　双歧杆菌的分类及来源

	种	亚种	来源
1	青春双歧杆菌		成人肠道
2	角双歧杆菌		人粪便
3	动物双歧杆菌	动物双歧杆菌	动物粪便
		乳双歧杆菌	奶酪
4	星状双歧杆菌		蜜蜂肠道
5	两歧双歧杆菌		婴儿粪便
6	牛双歧杆菌		大黄蜂肠道
7	牛双歧杆菌		牛瘤胃
8	短双歧杆菌		婴儿肠道
9	链状双歧杆菌		成人肠道
10	豚双歧杆菌		猪粪便
11	棒状双歧杆菌		蜜蜂肠道
12	兔双歧杆菌		兔子粪便
13	齿双歧杆菌		人类龋齿
14	高卢双歧杆菌		人粪便
15	鸡胚双歧杆菌		鸡盲肠
16	蜜蜂双歧杆菌		蜜蜂肠道
17	长双歧杆菌	长双歧杆菌	成人肠道
		婴儿双歧杆菌	婴儿肠道
		猪双歧杆菌	猪粪便

续表

	种	亚种	来源
18	巨大双歧杆菌		兔子粪便
19	瘤胃双歧杆菌		牛瘤胃
20	微小双歧杆菌		污水
21	蒙古双歧杆菌		发酵马奶
22	假链双歧杆菌		婴儿粪便
23	假长双歧杆菌	球假长双歧杆菌	牛瘤胃
		假长双歧杆菌	猪粪便
24	噬冷双歧杆菌		猪粪便
25	小鸡双歧杆菌		鸡粪便
26	反刍双歧杆菌		牛瘤胃
27	波伦亚双歧杆菌		兔子粪便
28	史卡杜维双歧杆菌		人血
29	纤细双歧杆菌		污水
30	噬热双歧杆菌		猪粪便
31	热嗜酸性双歧杆菌	猪热嗜酸性双歧杆菌	猪粪便
		热嗜酸性双歧杆菌	污水
32	双歧杆菌土浦亚种		仓鼠牙菌斑

其中，动物双歧杆菌、假长双歧杆菌、热嗜酸性双歧杆菌分别含有 2 个亚种，长双歧杆菌含 3 个亚种。

我国相关文件批准可用于食品的双歧杆菌包括青春双歧杆菌、动物双歧杆菌、两歧双歧杆菌、短双歧杆菌、婴儿双歧杆菌、长双歧杆菌；可用于保健食品的双歧杆菌包括青春双歧杆菌、两歧双歧杆菌、短双歧杆菌、婴儿双歧杆菌、长双歧杆菌；可用于婴幼儿食品的双歧杆菌包括动物双歧杆菌、乳双歧杆菌。

（二）双歧杆菌二联活菌、三联活菌和四联活菌的异同

双歧杆菌二联活菌就是两种菌种，三联活菌就是三个菌种，而四联活菌就是四个菌种。医学上所称的双歧杆菌二联活菌、三联活菌和四联活菌，都属于益生菌制剂，区别在于：菌种数量不同、菌种类型不同、治疗作用不同。

1. 二联活菌

二联活菌包括酪酸梭状芽孢杆菌、婴儿双歧杆菌。二联活菌可以治疗感染、使用抗生素或肝脏疾病等引起的肠道菌群失调。

2. 三联活菌

三联活菌包括长型双歧杆菌、嗜酸乳杆菌和粪肠球杆菌。三联活菌可以治疗肠道菌群失调引起的腹泻或便秘。

3. 四联活菌

四联活菌包括婴儿双歧杆菌、嗜酸乳杆菌、粪肠球杆菌、蜡样芽孢杆菌。四联活菌不仅可以治疗肠道菌群失调引起的腹泻或便秘等，还能治疗功能性消化不良。

（三）双歧杆菌属中常见的种类

双歧杆菌属中常见的种类有：两歧双歧杆菌、长双歧杆菌、婴儿双歧杆菌、乳双歧杆菌、短双歧杆菌等。

1. 两歧双歧杆菌

两歧双歧杆菌是一种通常被用于改善消化问题的益生菌。它与健康饮食相结合，还可以控制血糖、减轻压力、帮助对抗感染、增强免疫系统功能并降低过敏反应。

两歧双歧杆菌是在母乳喂养的婴儿的粪便中发现的第二大菌种。在成年期，双歧杆菌的数量会显著下降，但保持相对稳定，在老年时再次开始下降。

两歧双歧杆菌是有助于防止小肠细菌过度生长的益生菌之一。同样，在一项针对 66 名酒精性肝损伤患者的试验中，它与植物乳杆菌的组合有助于恢复肠道菌群的稳态。在对 30 人进行的另一项试验中，发现两歧双歧杆菌与嗜酸乳杆菌的结合有助于在抗生素治疗后恢复肠道菌群的正常状态。

2. 长双歧杆菌

长双歧杆菌可以抑制毒素的产生，对肝脏有一定的保护作用。同时，长双歧杆菌还能促进人体对乳糖的消化，有助于身体健康。如果经常腹泻或便秘，可以规律地使用这种益生菌进行调理。

3. 短双歧杆菌

短双歧杆菌是一种能促进身体健康的生理细菌，可以帮助患者调节肠道健康，直接补充患者的正常生理菌群；可以调节肠道菌群，抑制和消除肠道内潜在的危险菌群。肠道中有些有害细菌会将食物成分转化为亚硝胺等致癌物。短双歧乳杆菌可以分解亚硝胺，并有助于预防癌症的出现。

4. 乳双歧杆菌

乳双歧杆菌是一种肠道益生菌，对人体健康起到生物屏障的作用；同时，还有增强免疫力等作用，也可以改善肠道的功能。

在肠道菌群失调之后，产气荚膜梭菌等有害细菌在肠道中过度增殖，可能会产生气体，以及硫化氢、氨、吲哚等有害物质，影响机体的健康。而乳双歧杆菌能够抑制这种有害细菌的增长，抵抗病原菌的感染，合成人体所需要的维生素，调节肠道的菌群平衡，还可以治疗慢性腹泻以及与抗生素相关的腹泻。

5. 青春双歧杆菌

青春双歧杆菌可以治疗慢性腹泻、便秘，还可以抗衰老。大量临床病例报告显示，用青春双歧杆菌治疗慢性腹泻2周，大便性状、次数等会出现明显好转，且复发率低。另外，青春双歧杆菌还具有抗衰老的作用，可明显增加体内超氧化物歧化酶的活性与数量，从而减少自由基对人体的伤害。

总之，双歧杆菌是人体非常重要的益生菌，对人体肠道的菌群平衡起关键作用。而且，不同种类的双歧杆菌对人体的作用有不同的侧重，但都可以保护肠道菌群平衡、防止有害菌过度生长。所以，双歧杆菌对人体健康的保护是多方面的。

四、双歧杆菌的特点

双歧杆菌是人体内的正常生理性细菌，定植于肠道内，是肠道的优势菌群。该菌与人体终生相伴，其数量的多少与人体健康程度和生命长度密切相关，是目前公认的一类对机体健康有促进作用的代表性有益菌。

该菌可以在肠黏膜表面形成一个生理性屏障，抵御伤寒沙门氏菌、致泻性大肠杆菌、痢疾志贺氏菌等病原菌的侵袭，保持机体肠道内正常的微生态平衡；能激活巨噬细胞的活性，增强机体细胞的免疫力；能合成 B 族维生素、烟酸和叶酸等；能控制内毒素血症，防治便秘、贫血和佝偻病；可降低亚硝胺等致癌物前体的形成，有防癌和抗癌的作用；能拮抗自由基、羟自由基及脂质过氧化，具有抗衰老功能。

（一）双歧杆菌的形态特点

双歧杆菌是一种革兰氏阳性细菌。双歧杆菌在形态学上主要被定义为两种形态：分叉形态定义为 I 型，命名为乳杆菌；杆状定义为 II 型，命名为副分叉乳杆菌。

双歧杆菌的最适生长温度是 37~41℃，其细胞呈现多样形态。单个或链状、V 形、栅栏状排列，或聚集成星状。双歧杆菌的菌落光滑、凸圆、边缘完整，呈乳脂色至白色，闪光并具有柔软的质地。

在不同的生长环境下，不同种类的双歧杆菌具有不同的形态，比如长双歧杆菌多数都呈勺形；嗜热双歧杆菌则呈纤细杆状；兔双歧杆菌形态近似球状；等等。同种属的双歧杆菌在不同生长状态或不同的培养方式下，也可能出现不同的形态。

实验证明，双歧杆菌多形态可能与缺乏醋酸钠、硝酸钠、硫酸钠、氯化钠及 N- 乙酰氨基糖或碳酸盐诱发等有关。

当然，除了以上几点，双歧杆菌的生物学特性还包括以下几点。

1. 形态特征

双歧杆菌是一种革兰氏阳性杆菌，呈短杆状或椭圆形，大小约为（0.5~1.0）$\mu m \times$（1.5~4.0）μm，表面光滑，没有鞭毛，不会形成芽孢。

2. 营养需求

双歧杆菌的营养需求比较复杂，需要多种营养物质，如葡萄糖、乳糖、蛋白质、维生素等。此外，它还需要一些生长因子，如叶酸、核黄素等。

3. 生态特征

双歧杆菌是人类肠道中的一种益生菌，与其他肠道菌群相互作用，可产生抑菌物质，如双歧杆菌素等。双歧杆菌素可抑制肠道中的致病菌生长。

4. 游动特性

双歧杆菌是一种能够游动的微生物，其游动特性不仅为其在肠道中的活动提供了动力，也使其在人体健康中的作用得以具体化、量化，进而变得可感知。

使用科学的方法，就能更加准确地评估双歧杆菌对肠道健康乃至整体健康的影响，有效预防和治疗相关疾病。

5. 对生存环境要求苛刻

双歧杆菌的存活和增长依赖于特定的环境条件，这些条件对其生物学特性和功能发挥至关重要。

首先，双歧杆菌偏好厌氧环境，因为它在这样的环境中能够避免被氧化损伤，这与其代谢途径和生物化学特性密切相关。

其次，适宜的温度对双歧杆菌的生长至关重要，温度过高或过低，都可能阻碍其生长，甚至导致其死亡。

此外，充足的营养供应是双歧杆菌生长的另一关键因素，因为它们的代谢活动和细胞合成都需要特定的营养物质来支撑。

最后，双歧杆菌对环境变化非常敏感。我们应对其予以足够的关注，以充分发挥其在肠道微生态中的健康效益。

事实证明，科学地认识和调控这些条件，就能更好地利用双歧杆菌，从而促进人体健康。

五、双歧杆菌的演变规律

双歧杆菌是人体肠道中的一种重要益生菌。我们要想了解双歧杆菌，就要知晓它的演变规律。

（一）双歧杆菌在人体内的演变特征

在人体动态变化过程中，双歧杆菌具有如下演变特点。

1. 随年龄增长而减少

（1）婴儿期。婴儿出生后没有去掉口膜之前，在肠道内使用现代科技检测不到任何细菌。一旦去掉婴儿的口膜，医生、护士、妈妈、亲友身上的细菌就会进入新生婴儿的肠道。

新生儿的第一次胎便中，检测不到任何细菌。但出生后 2 个小时，新生儿的肠道内就可以检测出细菌。而到了第二天，乳酸菌就能占据主导地位，此时会出现少量的双歧杆菌。到了第七天，双歧杆菌会占据主导地位。之后，双歧杆菌在肠道内的数量占比会逐渐提高，最终在 2 周岁时占比达到 90% 以上。

双歧杆菌对婴儿的健康发育具有重要作用。婴儿期双歧杆菌的种类和数量受多种因素影响。这些因素包括分娩方式、喂养方式和婴儿性别等。经阴道分娩的婴儿在出生后 3 天内肠道双歧杆菌比剖宫产分娩的婴儿要丰富得多。母乳喂养的婴儿，可以从母乳和乳晕皮肤中获得更多的双歧杆菌，而母乳中的低聚糖可以选择性地促进双歧杆菌的生长。

（2）儿童期。随着孩子逐渐长大，到 2 周岁后，活动范围不断扩大，食物种类一点点增多，自主触摸、接触到的事物也日益增多，再加上父母责骂等因素，双歧杆菌在肠道内数量的占比会逐渐下降，到 6 岁时降至 80% 左右。

（3）青少年期。到了青少年期，孩子就要受到来自学业、父母、社会等方面的压力的影响，此时肠道内双歧杆菌数量占比会进一步下降到约 40%。

（4）成年期。随着年龄的增长，到了成年期，双歧杆菌的相对丰度会逐渐降低并趋于稳定，相对丰度为 20%~30%，并暂时保持相对稳定。成年人肠道内的青春双歧杆菌和链状双歧杆菌的含量较高。

（5）老年期。人到老年，双歧杆菌的数量会随着年龄的增长而减少，物种的多样性也随之减少。到了 65 岁左右，肠道内双歧杆菌的数量的占比会进一步下降到 3%~7%；70 岁以后下降到 1% 以下。然而，在长寿老人体内，双歧杆菌的数量却相对较高。

2. 成熟度变化

随着年龄的增长，肠道菌群的成熟度会发生变化，从婴儿期的以厚壁菌门、双歧杆菌属为主导，发展到成年后期的以拟杆菌属和普氏菌属为主导。

总之，双歧杆菌在肠道内的占比与人体健康和年轻状态呈正相关，即双歧杆菌占比越多，人体越健康，状态越年轻。

（二）双歧杆菌的动态变化

双歧杆菌主要寄居在人体的肠道内，是健康者肠道内的优势菌种，其种类和数量随年龄变化呈动态变化，且其改变与机体内许多生理、病理变化关系密切。

新生儿出生后数小时，双歧杆菌便可在肠道中定植。早期在婴儿肠道内定植的双歧杆菌主要来自母亲，可通过胎盘、羊水和母乳等途径传递给婴儿。研究发现，出生方式、喂养方式、妊娠时间对婴儿早期肠道定植的双歧杆菌有显著影响。其中，自然分娩、母乳喂养和妊娠期足月的婴儿肠道内双歧杆菌的含量更高。早产儿的肠道容易出现感染和炎症疾病，如败血症和坏死性小肠结肠炎（NEC）。应用双歧杆菌等益生菌，可预防这种情况的发生。

健康者成年后肠道内双歧杆菌的含量低于婴儿时期，但对维持人类肠道微生态的稳定起到了极其重要的作用，可以为人体筑起一道牢固的健康屏障。

此外，肥胖、糖尿病、过敏、癌症、肠易激综合征、坏死性小肠结肠炎等疾病都可能与肠道菌群失衡有关。

随着年龄的增长，有害菌数量增多，产生的毒素会加速肠道老化，使机体的免疫力下降，进而导致正常老年人肠道有益菌（如双歧杆菌）的丰度降低。然而，研究者发现，百岁老人肠道内的双歧杆菌种类丰富。原因在于，他们所处的自然生态环境良好、喜欢吃杂粮等高纤维食物、生活方式简单等。同时，研究者还发现，他们体内的双歧杆菌等有益菌的占比明显高于普通老人，相当于青少年水平。

由以上分析可知，只要利用科学方法，提高肠内有益菌的占比，改善人体微生态，就可以恢复肠道健康，使生命富有活力，减少衰老的困扰和疾病的威胁。

六、人体缺乏双歧杆菌的危害

双歧杆菌作为一种生理性有益菌，对人体健康具有生物屏障、营养、抗肿瘤、免疫增强、改善肠道功能、抗衰老等多种重要的生理功能。

在正常情况下，人体内的肠道微生物会处于一种相对平衡的状态。一旦受到破坏，如服用抗生素、放疗、化疗、情绪压抑、身体衰弱、缺乏免疫力等，肠道菌群就容易失去平衡；某些肠道微生物如产气荚膜梭菌等，在肠道中过度增殖并产生氨、胺类、硫化氢、粪臭素、吲哚、亚硝酸盐、细菌毒素等有害物质，还会进一步影响机体的健康。

（一）现代人体内双歧杆菌短缺的表现

1. 免疫力低

免疫力就是我们常说的抵抗力，它能识别和消灭外来入侵的病毒、细菌等，能处理衰老、损伤、死亡、变性的自身细胞，是人体的"卫士"。如果你淋个小雨就发烧，吹个小风就感冒，一到冬天身体就不利索，经常感冒、发烧、流鼻涕、咳嗽等，这其实就是免疫力低的表现。

2. 持续便秘或腹泻

肠道某一部位发生改变时，就会刺激调节肠道的神经，把连续不断的刺激信号传到大脑皮层，导致大脑皮层的调节功能紊乱，增强神经的兴奋性。神经兴奋会使肠道运动加快，出现腹泻；神经兴奋过久又会逐渐衰退并转为抑制，导致肠道肌肉慢慢松弛，蠕动减弱，从而引起便秘。

神经中枢受到强烈刺激而处于极度兴奋状态，会使结肠远端持续痉挛。当这种痉挛继续加深时，肠道蠕动又会复增，症状就会从便秘转为腹泻，并周而复始。因此，肠道运动功能紊乱，就会表现出有时便秘（肠蠕动缓慢）、有时腹泻（肠蠕动过快）或便秘与腹泻交替出现的症状。

3. 皮肤粗糙，容易长痘

肠胃消化功能紊乱，最常见的反应就是腹泻和便秘。经常腹泻会打乱身体的免疫系统，使皮肤变得干燥、粗糙、发痒。经常便秘，问题就更多了，比如大便中的毒素无法及时排出，在体内发酵后从皮肤表层表现出来，使皮肤变得暗黄、粗糙。所以，消化功能紊乱的人皮肤通常都不太好，即使用化妆品，也难以改善。

4. 肠胃症状

缺乏双歧杆菌会导致菌群失调、脾胃功能减弱和消化系统紊乱，从而容易出现食欲不振、消化不良等症状。

研究表明，双歧杆菌可以改善食欲不振，促进肠道内免疫细胞的活化，增强机体的免疫功能，抵御病原菌的侵袭。同时，另有研究指出，肠道菌群失调是引起消化不良的重要发病机制之一。改变肠道菌群的种类及组成，可能是缓解功能性消化不良症状的一种安全有效的方式。

双歧杆菌是对宿主有益的活性微生物，能有效缓解功能性肠道疾病。此外，肠道菌群通过调节双歧杆菌的数量，可改善消化不良症状。

5. 眼睛疲劳

科学家发现，缺少双歧杆菌会诱发自身免疫性葡萄膜炎。肠道中某种特定菌产生的蛋白和眼部蛋白相似，会启动一些 T 细胞，影响眼部健康。所以，缺少双歧杆菌，在某种程度上会损害眼部健康。

6. 头发稀少

根据最新研究，我们的肠道菌群也可能影响头发的生长。到 35 岁时，多数男性都会经历某种程度的脱发；到 50 岁时，85% 的男性的头发明显稀疏。

头发生长所必需的营养物质的消化和吸收离不开肠道和肠道菌群。研究还表明，肠道菌群对于调节控制毛发生长初期、中期和停止期之间转化所需的激素水平至关重要，甚至可以帮助维持身体中有利于头发健康生长的条件。

7. 肥胖

双歧杆菌会参与脂肪和糖类的代谢过程。当双歧杆菌数量充足时，身体就能更有效地利用营养物质，减少脂肪堆积。相反，当双歧杆菌缺乏时，身体对脂肪和糖类的代谢能力下降，患肥胖等代谢性疾病的风险就会增加。

美国科研人员的一项研究成果称，菌群失调是造成肥胖者体重增加的重要原因之一。"控制"消化系统内的细菌，可达到减肥的效果。*Nature* 肯定了这一研究，称之为"革命性的想法"。

8. 情绪低落，心情郁闷

研究表明，肠道菌群与大脑之间通过脑－肠轴进行沟通，这一通信路径会影响我们的情绪和行为。比如，肠道菌群可以影响神经递质的合成和信号传递，促进情绪调节。缺乏双歧杆菌，人就容易变得情绪低落，心情郁闷。

（二）双歧杆菌的缺乏与疾病

缺乏双歧杆菌可能会导致菌群失调、腹泻、消化不良、宿便口臭、便秘、胃溃疡、胃炎、阴道炎、过敏、肠道病毒感染、皮肤粗糙、色斑、骨质疏松、肝病、情绪疾病等问题。要想改善此种情况，就要及时给肠道补充双歧杆菌。

1. 慢性肝病与双歧杆菌

慢性肝病的出现，一般都与免疫功能低下、胆汁分泌异常、消化不良、营养不足、门静脉高压等因素有关，这些因素会导致肠道菌群失衡。研究发现，4%~30% 的慢性活动性肝炎病人会出现腹泻，肝硬化病人粪便中的类杆菌、双歧杆菌明显低于正常对照组，这与肝功能损害程度有一定的联系。健康人粪便中厌氧菌占绝对优势，需氧菌数量明显低于厌氧菌，而肝硬化患者的粪便中的双歧杆菌、类杆菌、真杆菌明显低于正常人，大肠杆菌明显增加。

2. 骨质疏松与双歧杆菌

众所周知，钙质减少与雌激素水平自然下降有密切关系。雌激素水平下降，体内的钙平衡就会受到干扰，进而引发骨质疏松，容易骨折；而雌激素水平下降，与肠道菌群失调有关。长期使用抗生素，就会抑制肠内的正常菌群，导致雌激素再吸收能力下降，引起骨质疏松症。

3. 焦虑、抑郁症与双歧杆菌

研究表明，某些氨基酸（如色氨酸和苯丙氨酸）可以缓解紧张焦虑情绪，消除抑郁情状。一旦菌群失调，肠道内双歧杆菌的数量就会减少，水解蛋白质的菌也会相继减少，从而使色氨酸、苯丙氨酸减少；同时，菌群失调会使有潜在致病性的有害菌增多，内毒素增加，进而引发焦虑与抑郁症。要想增加体内有益菌数量、维持肠道菌群平衡，较好的办法就是补充双歧杆菌。

七、双歧杆菌对人类的意义

作为生理性有益菌，双歧杆菌是一种重要的肠道有益微生物。一旦肠道微生物的平衡遭到破坏，肠道菌群就容易失调，进而产生有毒物质，影响身体健康。

双歧杆菌是个人健康存活的必需元素，就像人体需要维生素和蛋白质一样。体内的双歧杆菌会因各种因素的变化而发生变化，尤其是随年龄增加而不断减少。因此，各年龄阶段的人可能都需要补充双歧杆菌，尤其要补充具有繁殖能力、能延续生命的活双歧杆菌。

（一）双歧杆菌对人类的意义

肠道众多的细菌中，数量最大的当属双歧杆菌。有研究表明，双歧杆菌既不产生内、外毒素，也不产生致病物质和有害气体，是人体中的一种益生菌。机体为双歧杆菌的定植提供了诸多有利条件。双歧杆菌对维护机体的健康具有重要意义。

1. 促吸收作用

双歧杆菌可合成多种消化酶和维生素，如维生素 B 类、泛酸、叶酸及生物素，可促进氨基酸、脂类和维生素的代谢，促进蛋白吸收，提高体内氮和蛋白质的蓄积，降低血氨浓度。另外，双歧杆菌酵解过程中产生的有机酸能使生物体内 pH 和 Eh 下降，有利于某些矿物质如钙、铁、镁、锌等的吸收，促进动物体的健康生长。双歧杆菌中含有乳糖酶，可将乳糖酵解成葡萄糖和半乳糖，促进大脑发育。适量补充双歧杆菌，有助于避免乳糖不耐症的发生。

双歧杆菌的分解代谢途径不同于乳酸菌。双歧杆菌最主要的产物包括乳酸、乙酸等，可改善机体的 pH 值，促进铁和维生素 D 的吸收，提高磷、铁、钙的利用率；可以通过磷蛋白磷酸酶分解 α - 酪蛋白，促进蛋白吸收。此外，还可从某种程度上提高饲料的转化率，增加动物体营养代谢量。

2. 营养作用

双歧杆菌具有营养作用，可合成多种消化酶、乳糖酶、多种氨基酸及维生素，如缬氨酸、丙氨酸、苏氨酸和天冬氨酸，维生素 B_1、维生素 B_2、维生素 B_6、维生素 B_{12}、叶酸及烟酸等营养物质；还可以控制维生素分解菌对宿主体内维生素分解，改善机体代谢功能，提高蛋白质的吸收速度，增加氮气的蓄积量，从而改善机体代谢紊乱现象。

3. 抗菌作用

双歧杆菌能很好地抑制常见腐败菌和低温细菌的生长，通过细胞磷壁酸与肠黏膜上皮细胞的相互作用，能够在肠道内与其他厌氧菌共同占据肠黏膜表面，构成一个生物学屏障，阻止致病菌的入侵。双歧杆菌还能抑制有害细菌的生长，预防腐败菌毒害物质如吲哚、甲酚、胺等的产生。

双歧杆菌的抗菌机制主要表现在 3 个方面：一是通过酵解产生有机酸，调节机体环境中的 pH 值，降低酸度，抑制腐败菌和致病菌的生长繁殖；二是其在代谢过程中产生的蛋白质，有类似细菌素的杀菌作用；三是产生过氧化氢，抑制和杀灭不利于人体健康的革兰阴性菌。

4. 护肝作用

人体肠道的有害菌一旦产生并释放毒素进入血液，就会严重损坏肝脏。双歧杆菌制剂可以抑制产生毒素的有害菌数量，对肝脏起到良好的保护作用。同时，双歧杆菌能够调节肠道 pH 值，抑制氨的吸收，从而减少肝病的发生。此外，双歧杆菌还能作为肝病的辅助治疗手段。

5. 抑制肿瘤的作用

双歧杆菌具有抗结肠癌作用，实现途径为：影响肠道菌群代谢，提高宿主的免疫应答能力，进而影响宿主的生理活动；黏附及降解潜在致癌物，预防肠道癌症；改变肠道菌群，产生抗癌、抗诱变物质。

虽然双歧杆菌的抑瘤机制目前尚未被完全阐明，但业界普遍认为双歧杆菌的抗癌作用可能源于：其非特异性可以增加肿瘤的局部反应，提高细胞的免疫功能，增强其杀伤活性，激活巨噬细胞的吞噬活性，同时改善肿瘤患者淋巴细胞亚群分布。肠道内的腐生菌在代谢过程中，不仅会产生胺类致癌物质，还可能将一些致癌前体物转化为致癌物质。双歧杆菌能抑制腐生菌的生长，分解致癌物，从而起到预防肠道癌症、抗肿瘤的作用。

6. 生物拮抗作用

双歧杆菌对多数病原菌具有非常明显的拮抗作用。双歧杆菌的生物拮抗机理为：在机体肠道上皮细胞或肠道黏膜的表面形成生物菌膜，增强宿主免疫力、与致病菌竞争营养物质、抑制致病菌黏附等，阻止病原微生物在肠道定植。此外，双歧杆菌在肠道内生长繁殖的过程中，能生产出乳酸、丙酮酸和丁酸，使机体肠道的氧化还原电势和 pH 值均明显下降，同时分泌广谱抗菌物质，预防致病菌的生长或繁殖。

7. 抗衰老的作用

我国科学家对广西巴马地区长寿老人的调查表明，长寿老人粪便中的双歧杆菌的数量与中青年相当。双歧杆菌之所以能抗衰老，是因为其能抑制腐败菌生长，减少代谢产物中的氨、硫化氢、吲哚及粪臭素等有害物质的生成。

人体的衰老往往先从肠道老化表现出来。双歧杆菌具有抗肠道老化的作用，原因有：

（1）双歧杆菌在肠道上皮细胞形成生物菌膜，激活机体的免疫系统，使之产生适量的肿瘤坏死因子、白介素等，并诱导老化、突变细胞进入程序死亡进程，不断地清除衰老或突变的细胞、死亡的细胞，从而实现抗衰老的目的。

（2）双歧杆菌可诱导延缓衰老的超氧化物歧化酶的合成。抗氧化作用模式主要有螯合金属离子、激活抗氧化体系、清除自由基、提高氧化还原应激反应能力等。

8. 治疗慢性腹泻

双歧杆菌具有调节肠道菌群的作用。研究显示，服用双歧杆菌制剂两周以后，患者的大便次数、形状异常等临床症状会消失，总有效率为 90.3%，复发率较低。如今，国内许多医院已将双歧杆菌制剂作为治疗慢性腹泻的首选药物。此外，双歧杆菌还有助于治疗因过量使用抗生素而导致的抗生素相关性腹泻疾病。

9. 防治便秘

双歧杆菌可以防治功能性便秘。通常，功能性便秘与肠道菌群失调、肠道内的腐败菌增加有关。双歧杆菌可以调整肠道菌群，恢复肠道正常菌群平衡，使腐败菌数量大大减少，使机体对有毒代谢产物的吸收减少，改善便秘症状。

双歧杆菌可以通过调整肠道菌群，并通过产生乙酸、乳酸等短链脂肪酸，抑制肠道腐败菌的生长和有毒代谢产物的形成，刺激肠蠕动；同时，水分会从低渗透压处进入高渗透压处，有助于恢复肠道蠕动能力，激活机体的免疫功能，缓解功能性便秘等症状。

10. 增强免疫力

双歧杆菌具有调节免疫功能的作用，主要原理是：刺激肠道黏膜，激活肠道黏膜的免疫系统，使其产生抗体、细胞因子，提高肠道黏膜的免疫和抗感染能力。

11. 保护人体不受病原菌感染

双歧杆菌厌氧、喜酸，而腐败菌及其他致病菌都喜氧、厌酸。双歧杆菌只要能够充分繁殖，就能营造无氧环境、酸性环境，让腐败菌和其他致病菌无法繁殖，从而提高人体对病原菌的抵抗力，防止人体受到感染。

喝母乳的婴儿较喝奶粉的婴儿体内的双歧杆菌更多，所以母乳喂养的婴儿较少发生腹泻或肠炎。当然，不仅婴儿如此，肠道内双歧杆菌的比例也同样影响着儿童及成人的健康。双歧杆菌在人体内所占优势越明显，人体越不容易受到病原菌的入侵而感染疾病。

12. 预防高血压和动脉粥样硬化

人体血液中的胆固醇含量过高，会引发动脉粥样硬化和高血压。双歧杆菌等有益菌可以影响胆固醇的代谢，将胆固醇转化为人体不吸收的类固醇，进而降低血液中胆固醇的浓度，有效预防高血压和动脉粥样硬化。

13. 改善乳糖消化不良症

牛奶具有丰富的营养。有些人体内缺乏乳糖酶，不能分解牛奶中的乳糖。这类人饮用牛奶后，会引发肠道紊乱的问题，导致肠道痉挛、胀气或腹泻。双歧杆菌在乳制品发酵过程中可以产生乳糖酶，帮助患者消化乳糖。

总之，双歧杆菌是一种重要的益生菌，具有多种生理功能，对人体健康具有重要意义：第一，双歧杆菌的代谢产物，进入人体细胞，会直接参与人体的新陈代谢；第二，双歧杆菌能产生抑菌物质，如双歧杆菌素能抑制肠道中的致病菌生长，维护肠道菌群平衡。

（二）双歧杆菌低下的原因

双歧杆菌低下，原因有很多，比如免疫力下降、药物因素、精神因素等，也可能是由衰老、疾病、劳累等因素引起的。下面来做简单介绍。

1. 免疫力下降

在日常生活中，忽视了身体的保养或锻炼等，都可能造成免疫功能的下降、有害菌的增多，进而导致双歧杆菌的数量减少。因此，为了增强身体素质，建议每周进行不少于 3 次的体育运动，例如跑步、游泳、打篮球、跳绳、瑜伽、打太极等。

2. 使用抗生素

患有某些疾病的人群使用抗生素时，药物很可能会抑制有益菌，进而导致双歧杆菌的数量减少。不过，这种情况通常在停药后可以逐渐缓解。

3. 精神不佳

精神压力过大也可能影响体内双歧杆菌的生长，导致其数量减少。因此，平时要放松心态，调节好自己的情绪。

4. 日益衰老

随着年龄的增长，肠道逐渐老化。肠道的抵抗能力下降，会导致双歧杆菌的数量减少。此时，如果想补充双歧杆菌，就可以遵医嘱使用双歧杆菌活菌胶囊、双歧杆菌四联活菌片等。

5. 患有疾病

有些人患有基础疾病，例如炎症性肠病、糖尿病等，容易导致肠道的菌群失调，进而出现双歧杆菌数量减少的情况。这时候，我们就可以遵医嘱使用双歧杆菌活菌胶囊、双歧杆菌三联活菌散等来补充双歧杆菌。

（三）双歧杆菌失调的征兆

肠道是人体最大的免疫系统。双歧杆菌一旦失调，身体就会发出信号，只不过这些信号被很多人忽视了。

1. 免疫力低下，反复感冒

感冒一般源于病毒、细菌的侵害。当病毒和细菌侵害人体时，身体自身的淋巴细胞、巨噬细胞等免疫细胞就会被积极调动，对抗或吞噬掉外来侵略者，缩短病程。当人体免疫力低下时，淋巴细胞、巨噬细胞的消灭能力就会减弱，致使机体受到病毒或细菌的侵害。

反复感冒与机体的免疫力差有直接关系。如果身体抗病能力不强，不能抵御外来的致病菌，就容易反复感冒。人体的免疫系统多数都分布在肠道内或肠道周围，双歧杆菌低下失衡是免疫力低下的重要原因。

2. 腹泻、便秘及其他肠易激综合征

肠易激综合征的出现，多半都是因为食物过敏、应激反应、乳糖不耐受、情绪变化、环境因素、使用激素等。多项研究发现，与健康人群相比，患者的肠道菌群不平衡，双歧杆菌数量较低。服用一定剂量的酪酸梭菌，可减轻产气、痉挛等症状。

3. 食物不耐受

人体自身有能力代谢降解单糖、双糖、淀粉和蛋白质等从食物中获得的主要营养物质，但也有部分例外，比如多数非淀粉多糖和通过食物摄取的一些物质，可以被共生微生物降解。所以，当人体肠道内的微生物和摄入的食物不匹配时，就会出现食物不耐受。若肠道中缺乏某些能降解摄入食物的细菌，人体不仅无法通过这些食物改善健康状况，还可能引发肠道不适。

4. 焦虑、抑郁

近来，越来越多的研究表明，在诱导焦虑和抑郁的发病过程中，肠道双歧杆菌发挥了关键作用。

5. 胀气、口臭、舌苔厚

当人体双歧杆菌数量下降时，腐败菌就可能在上消化道内大量繁殖，导致食欲不佳、挑食、厌食，甚至出现口臭。而为了减少肠道内的氨和胺等有毒有害物质，抑制产胺的腐败菌的生长繁殖，吸收内毒素，降低毒素来源，改善挑食、厌食、积食和口臭症状，双歧杆菌就会在肠道中产生大量的低分子酸、过氧化氢、抗菌活性肽。所以，口臭通常源于消化道。

6. 痤疮、湿疹、过敏等皮肤病

在现代社会，痤疮是一个普遍且广泛分布的疾病。慢性炎症、肠道紊乱和肠道通透性的增加，会直接导致痤疮的发生。许多研究都表明，肠道双歧杆菌低下和痤疮的发生相关。

（四）补充双歧杆菌的益生元

补充双歧杆菌的益生元对间接增加双歧杆菌的数量，也有帮助。比如，谷类、根茎类蔬菜、十字花科蔬菜、发酵食品等含有丰富的益生元。这些食物有助于缓解便秘、促乳糖消化、维持肠道菌群平衡。

1. 谷类

谷物中含有丰富的益生菌所需要的食物，即碳水化合物、纤维素、半纤维素等多糖成分，对人体健康十分重要。比如，玉米和糙米中含有的粗纤维、多糖比精米、面粉多。这些营养成分可以提高免疫力、预防便秘。

2. 根茎类蔬菜

芥菜、萝卜、莴笋、莲藕等根茎类蔬菜汁中含有多种维生素、纤维素。适量食用根茎类蔬菜可以加快肠胃蠕动，改善便秘问题。

3. 十字花科蔬菜

西兰花、白菜花、卷心菜等十字花科蔬菜，含有纤维素和吡咯喹啉醌等多种酶，有助于保持肠道健康，促进消化。

4. 发酵食品

奶酪、红酒、泡菜、酸奶等食物在发酵过程中产生的活性益生菌及其代谢产物（后生元），有助于维持肠道微生态的平衡。

此外，适当食用芋头、山药、秋葵、木耳、海带、紫菜等食材，在补充人体所需营养素的同时，还能促进双歧杆菌的数量增加。

（五）补充功能性低聚糖

功能性低聚糖是双歧杆菌最直接、最有效的养料，能排除消化系统的干扰，选择性地进入双歧杆菌、乳酸杆菌最适宜生长的大肠，促使双歧杆菌快速生长和大量繁殖。研究表明，每日只要使用 0.7g 低聚木糖，仅三周后肠道中的双歧杆菌就会由原来的 8.5% 增加到 20.2%，有害菌也会相应减少；低聚木糖和菊粉在增强双歧杆菌增殖能力方面的效果最显著；低聚果糖在增强乳酸杆菌增殖能力方面的效果最显著。

双歧杆菌代谢低聚糖的产物主要是短链脂肪酸、CO_2、CH_4、H_2 和乙醇。短链脂肪酸主要包括乙酸、丙酸和丁酸，不仅能够提供能量，还能充当肠道上皮细胞特殊营养因子，保护肠道黏膜，改善肠道运动机能。其中，丙酸能促进人体对钙元素的吸收。丁酸能修复肠道黏膜损伤，防止溃疡性结肠炎。

除了低聚木糖，其他功能性低聚糖也可有效促进双歧杆菌的增殖。比如，市场上的龙胆低聚糖、大豆低聚糖、低聚甘露糖等功能性低聚糖，都是良好的双歧杆菌增殖因子。

（六）使用双歧杆菌治疗便秘

双歧杆菌可阻止病菌的定植和入侵，产生乳酸与乙酸，改善肠道环境，抑制致病菌的生长。如果饮食不当导致肠道菌群失调，可能引发腹泻或便秘。补充双歧杆菌有助于调整肠道菌群，达到止泻、缓解便秘的作用。

双歧杆菌是一种活菌制剂，有些事情需要注意，比如不能放置在高温处，以免药物性质发生变化；对双歧杆菌过敏者不可服用，以免引起不良反应；服用双歧杆菌期间，要清淡饮食，养成良好的卫生习惯，以便有效缓解病情。

同时，双歧杆菌是肠道益生菌，具有调节便秘的作用，但也只能作为一种辅助用药。便秘时，为了通便，我们要多喝水，也可喝一些蜂蜜水。此外，我们还应该避免熬夜。

第二章　双歧杆菌的微观结构与功能

双歧杆菌是人体最重要的一类益生菌，广泛存在于人体肠道中，对维持肠道微生态平衡和促进健康具有重要作用。其细胞结构由细胞壁、细胞膜和细胞质组成。细胞壁可黏附在肠黏膜上皮细胞上，阻止致病菌的入侵；细胞膜中含有多种生物活性分子，如蛋白质，可以进行细胞内外物质的交换；细胞质是细胞内各种生化反应的场所。双歧杆菌可以通过独特的代谢途径，如发酵糖类产生乳酸和乙酸，抑制有害细菌的生长，同时促进肠道蠕动，增强机体免疫力。深入了解双歧杆菌的细胞组成和功能，对于开发新型益生菌产品、促进人类健康具有重要意义。

一、细胞壁：双歧杆菌的生物屏障

细胞壁是位于细胞膜外的一层较厚、较坚韧并略具弹性的结构，其成分为黏质复合物。

双歧杆菌属的细胞壁与肠黏膜上皮细胞相互作用，与其他厌氧菌共同占据肠黏膜表面，形成一道具有保护作用的生物屏障，通过自身及代谢产物排斥致病菌，在肠道中保持菌种优势，并与其他菌群相互作用，调整菌群间的关系，保证肠道菌群的最佳组合，维持肠道功能的平衡。

1.维持肠道菌群平衡

双歧杆菌的细胞壁黏附于肠黏膜的上皮细胞，主要通过以下几种方式抑制有害菌的生长。

（1）双歧杆菌在代谢酶类时，会产生大量的乙酸和乳酸，使环境 pH 值下降，抑制致病菌的生长；同时，有机酸可促进肠道蠕动，防止便秘。

（2）双歧杆菌可产生胆酸水解酶，能使结合胆汁酸游离，而游离胆酸可有效抑制致病菌的生长。

（3）双歧杆菌能产生抗菌物质，可调节和协同其他肠道群落，维持肠道菌群平衡，促进肠道蠕动，较好地治疗习惯性便秘。

2. 抗肿瘤

实验表明，摄入动物双歧杆菌活菌或灭活菌，能提高机体的抗体水平，提高巨噬细胞的吞噬活性，继而提高机体的抗感染能力，抑制肿瘤细胞的生长，或者杀死肿瘤细胞。

在代谢过程中，肠道腐生菌会产生许多致癌产物，比如吲哚、胺、酚等；有的还能将一些致癌前体物转化为致癌物，例如将偶氮化合物和芳香化合物还原成有致癌作用的 N– 二苯亚硝基化合物。双歧杆菌可抑制腐生菌的生长，分解致癌物，有效预防癌症的发生。

双歧杆菌能消除致癌物的毒害作用，抑制突变剂的致突变作用，有效减少潜在癌症的发生。双歧杆菌体细胞壁的肽聚糖、脂磷壁酸和多糖都有抗肿瘤的作用。

3. 调节免疫功能

双歧杆菌的细胞壁具有免疫刺激特性，可以激活细胞介导的免疫反应和体液免疫反应。

双歧杆菌的纯化细胞壁上清液和无细胞提取物，可以通过肌动蛋白丝的形成、液泡的发育和细胞因子的产生等，引起巨噬细胞的快速活化。

双歧杆菌的细胞壁多数由肽聚糖组成。肽聚糖占细胞壁表面的30%~70%。短双歧杆菌的肽聚糖，可以促使 T 细胞向 Th1 分化和树突细胞的成熟。

双歧杆菌产生的胞外多糖能够增加其对肠道细胞系的黏附，影响外周血单核细胞（PBMC）的增殖和细胞因子的产生。

此外，多数情况下，高分子量的中性胞外多糖能够抑制促炎细胞因子的产生，而小分子量的胞外多糖或酸性胞外多糖具有免疫刺激特性。因此，双歧杆菌完全可以通过促进淋巴细胞的分化、降低炎症因子的表达和抑制肿瘤细胞的增殖，来增强机体的免疫调节功能。

二、细胞膜：双歧杆菌的防护盾

细胞膜是细胞结构中分隔细胞内外不同介质和组成成分的界面，主要由磷脂构成。它是富有弹性的半透性膜，膜厚 7~8nm。它是防止细胞外物质自由进入细胞的屏障，保证了细胞内环境的相对稳定，使各种生化反应能够有序运行。

细胞膜不是双歧杆菌的普通"外壳"，而是双歧杆菌的"防护盾"。它由磷脂、脂肪酸和糖蛋白构成，不仅可以保护双歧杆菌不受外界侵害，还能像"智能门卫"一样，控制物质的进出。好的营养物质，比如糖分和氨基酸，就可以进入细胞内；而有害物质则会被拒之门外。细胞膜简直就是双歧杆菌的"私人定制保镖"。

1. 磷脂

磷脂也称磷脂类、磷脂质，是指含有磷酸的脂类。磷脂包括磷脂酰胆碱、磷脂酰肌醇、磷脂酰乙醇胺、磷脂酰丝氨酸和磷脂酸等。磷脂酰胆碱是最主要的活性成分。

磷脂是一类含有磷酸的脂类，是细胞膜和神经髓鞘的组成成分。磷脂为两性分子，一端为亲水的含氮或磷的头，另一端为疏水的长烃基链，因此常与蛋白质、糖脂、胆固醇等分子共同构成磷脂双分子层，是生物膜的重要组成部分。

现代研究指出，磷脂的存在对人体的各部位和各器官具有相应的功能，有利于活化细胞，维持新陈代谢、基础代谢和荷尔蒙的均衡分泌，增强人体的免疫力和再生力等。同时，磷脂还具有促进脂肪代谢、防止脂肪肝、降低血清胆固醇、改善血液循环、预防心血管疾病等多种作用。

2. 脂肪酸

脂肪酸是构成油脂主要成分甘油三酯的基本组成单位，常见种类共有四五十种。根据碳链长短、饱和程度和人体必需性的差异，脂肪酸可分类如下。

（1）碳链长短。根据碳链长短，可将脂肪酸分为长碳链脂肪酸（碳数 14

以上）、中碳链脂肪酸（碳数 6~12）、短碳链脂肪酸（碳数 6 以下），但这种划分并不固定。食用油的脂肪酸以链长为 18 个碳数的脂肪酸为主，比如油酸、硬脂酸、亚油酸、α–亚麻酸等，还有 16 个碳数的棕榈酸。12 个碳数的月桂酸和 22 个碳数的芥酸也比较常见。

（2）饱和度。饱和度指的是脂肪酸碳链中双键的数目，据此可将脂肪酸分为饱和脂肪酸（无双键）、单不饱和脂肪酸（一个双键）、多不饱和脂肪酸（两个或多个双键）。三类脂肪酸对人体健康的作用各不相同。

（3）人体必需性。根据脂肪酸对人体的必需性，可以将脂肪酸分为必需脂肪酸和非必需脂肪酸。人体内的脂肪酸可以直接来自食物，也可以由人体自己合成。但人体并不能合成所有的脂肪酸，而必需脂肪酸就是无法合成的，或合成速度很慢，无法满足机体需要，必须通过食物来供给。

3. 糖蛋白

糖蛋白是一种结合蛋白质，由短的寡糖链与蛋白质共价相连构成，总体性质更接近蛋白质。糖蛋白分子的种类很多，分子大小不一，相差很大。

细胞膜上的糖蛋白在细胞生理活动和细胞间相互作用方面有许多重要功能。其功能主要为分子识别、免疫反应、神经冲动的传导、激素受体和环磷酸腺苷的代谢调节，以及血型抗原和催化作用。

糖蛋白是蛋白质的一种。据相关资料显示，蛋白质在低温环境下可能会失活。因此，若将双歧杆菌储存在温度太低的环境中，其活性就可能降低，甚至可能会失活。

三、细胞质：双歧杆菌的动力核心

细胞质是一种可以使细胞充满的凝胶状物质，是生命活动的主要场所，由细胞器、细胞骨架、内含物和细胞质基质组成。

细胞质基质指的是细胞质内呈液态的部分，是细胞质的基本成分，主要含有多种可溶性酶、糖、无机盐和水等。细胞器则分布于细胞质内，具有一定的形态，在细胞生理活动中发挥着重要作用。

在细胞内，细胞质扮演着重要角色，可以作为"分子液"，使各种细胞器悬浮其中，本身还能透过脂肪膜聚集在一起。

为什么说细胞质是双歧杆菌的"动力核心"？因为细胞质就像双歧杆菌的"工厂"，里面充斥着各种"机器"和"设备"。这里的生产线主要负责蛋白质和酶的生产，帮助双歧杆菌进行日常的代谢活动；能量站则可以通过"呼吸作用"，将营养物质转化为双歧杆菌所需的能量。该生产线中的各个环节都保持高效运转，旨在保障双歧杆菌充分发挥作用，为肠道健康保驾护航。

此外，细胞质中还有一些元素可以合成特殊化合物，利于身体健康。比如，短链脂肪酸和维生素不仅可以滋养双歧杆菌，还能调节免疫系统、抑制有害细菌的生长。

这些物质就像一支高效的"微型维修队"，不仅维护着自己的"家园"，还默默地为我们的健康贡献着力量。没有它们，我们的肠道就不可能这么顺畅。

四、分叉形态：空间、数量与营养的优势

双歧杆菌不仅名字响亮，外形也非常霸气。它的两端分叉，就像一个在做瑜伽的高手，以各种高难度动作，分布于肠道的每一个角落，在肠道中有着无可比拟的空间、数量和营养优势。

第一，这种独特的双 Y 型结构，让双歧杆菌能够在肠道壁上稳稳地占据一席之地，即使是在拥挤的肠道微生物群体中，也能找到一个舒适的角落。如此，它就能更多、更好地吸收营养，有效阻挡不受欢迎的破坏者，即有害细菌。如果将肠道中各种微生物的相互作用看作一场比武大赛，那么双歧杆菌的两端分叉就是"超级武器"，能让它在这场派对中占据绝对优势。

第二，双歧杆菌的两端分叉还能帮助它在数量上取胜。这种形态让它在分裂增殖时更加高效，就像复制粘贴一样，可以立刻增加自己的"追随者"，在肠道中形成一支强大的"双歧杆菌军团"，共同维护肠道的和平与秩序。

第三，双歧杆菌的分叉形态还能让它在营养获取上更具优势。借助这种结构，双歧杆菌就能更广泛地接触肠道内的营养，拥有一张超大的"营养吸收网"，从四面八方获取所需的养分，让自己和其他菌群吃得饱饱的，为我们的健康保驾护航。

第四，分叉结构增加了细胞表面积，提高了与肠道环境的接触效率，有利于更快速地吸收营养，促进生长和繁殖，形成数量优势。

第五，双歧杆菌通过其特有的代谢途径，如发酵产生短链脂肪酸、吡咯喹啉醌、NAD 等活性成分，为宿主提供能量和营养，同时抑制病原微生物的生长，维护肠道健康。

总之，这种独特的形态和功能是双歧杆菌在长期进化过程中适应肠道环境的结果，体现了微生物与宿主之间复杂的相互作用和协同进化。

五、PQQ 与 NAD：能量源与健康密码

作为肠道中的重要益生菌，双歧杆菌代谢过程中产生的活性成分，对人体健康具有多方面的益处。这些活性成分丰富多彩，主要包括多种维生素、氨基酸、有机酸，以及重要的生物分子如吡咯喹啉醌（PQQ）和烟酰胺腺嘌呤二核苷酸（NAD），让双歧杆菌在肠道这个复杂多变的环境中，能够游刃有余地保护我们的健康。

（一）PQQ

2003 年，日本科学家宣称发现了一种水溶性 B 族维生素。当实验鼠体内缺乏这种物质时，其繁殖能力就会变得低下。据此推测，它对人类也有相同的影响。这是 1948 年以来人们首次发现新的维生素。这也是日本科学家继 1910 年发现维生素 B_1 后再次发现新的维生素。

事实上，早在 20 世纪 50 年代，挪威和英国的几位生物学家在研究细菌体内的代谢酶时，就意外地发现了一种新的化合物，作为某些酶的辅酶发挥作用。在生物体内，各种化学反应的顺利完成都需要借助酶的催化作用。然而，很多酶在发挥功能时需要其他一些辅助分子，即辅酶。遗憾的是，当时

该发现并未引起足够的重视。直到 1979 年，美国科学家采用 X 射线晶体衍射技术，首次确定这种神秘的辅酶是一种三羧酸醌类化合物，并将其命名为吡咯喹啉醌。

如今，细菌合成吡咯喹啉醌所需的基因已经得到确认，随菌种不同有 4~7 个。虽然它仅仅是某些细菌的产物，但有趣的是，在研究发现，各种植物、动物以及人体内都含有极微量的吡咯喹啉醌。

吡咯喹啉醌对人体究竟有何功效？

1. 刺激细胞快速生长

吡咯喹啉醌能够刺激微生物、植物、动物及人体细胞快速生长，这方面以植物最为典型。1989 年，美国研究人员发现，缺乏吡咯喹啉醌的雌鼠有 20%~30% 表现出了明显的缺乏症，包括皮肤脆弱、脱毛、身体弯曲，严重者还会出现腹部出血甚至死亡。从吡咯喹啉醌缺乏导致的种种症状来看，其与其他维生素和矿物质缺乏有一定的相似性。

2. 清除多余的自由基

吡咯喹啉醌能够清除体内多余的自由基，保护机体免受氧化损伤。研究发现，吡咯喹啉醌清除自由基的能力是维生素 C 的 50~100 倍，是目前发现的抗氧化能力最强的物质。大量生理实验表明，吡咯喹啉醌有保护心脏免受缺氧缺血造成的损伤、预防白内障的发生及消肿、抗炎等诸多功效。

3. 保护和营养神经

吡咯喹啉醌在神经营养和保护方面的作用更加别具一格。研究发现，吡咯喹啉醌能够促进神经生长因子的合成，从而促进断裂的坐骨神经再生。吡咯喹啉醌还是一种性能优良的神经营养保护药物，可以用来治疗帕金森病、阿尔茨海默病等病症。

4. 其他功效

吡咯喹啉醌还具备很多引人注目的神奇功效。例如，我国学者发现，口服吡咯喹啉醌可以有效降低血铅、脑铅、肝铅的水平，且不会造成体内有益金属元素如锌、铜的流失。又如，对于由放射性物质造成的皮肤烧伤，吡咯喹啉醌有使伤口快速愈合的功效。

如今，具备多种功效的吡咯喹啉醌，已经引起了国内外营养学家和药理学家的广泛关注。

（二）烟酰胺腺嘌呤二核苷酸

烟酰胺腺嘌呤二核苷酸是三羧酸循环的重要辅酶，可以促进糖、脂肪、氨基酸的代谢，参与能量的合成，在每个细胞中参与上千项反应。大量实验数据显示，烟酰胺腺嘌呤二核苷酸会广泛参与有机体内的多种基础生理活动，干预能量代谢、DNA 修复、遗传修饰、炎症、生物节律和压力抗性等关键细胞功能。

研究表明，人体内的烟酰胺腺嘌呤二核苷酸水平会伴随年龄的增长出现下降趋势。烟酰胺腺嘌呤二核苷酸水平一旦下降，就可能引发神经衰退、视力下降、肥胖、心脏功能衰退等。

我们的身体由大约 37 万亿个细胞组成。为了维持自身的运作，细胞必须完成大量的工作或细胞反应。而每个细胞都依赖烟酰胺腺嘌呤二核苷酸来完成其持续的工作。

烟酰胺腺嘌呤二核苷酸是双歧杆菌的"长寿秘诀"。烟酰胺腺嘌呤二核苷酸是细胞内多种关键代谢途径的辅酶，尤其在能量代谢和细胞信号传导中扮演着核心角色。从细胞修复到能量代谢，烟酰胺腺嘌呤二核苷酸都在辛勤工作，默默维护着我们的健康。如果我们能及时补充烟酰胺腺嘌呤二核苷酸，那我们的身体会多出一股源源不断的活力，像刚加满油的跑车一样动力十足。

强化吡咯喹啉醌和烟酰胺腺嘌呤二核苷酸的作用不仅可以增强自身的生物活性，还能对健康产生积极影响。这些活性成分的协同作用有助于提高机体的抗氧化能力，促进肠道健康，增强免疫力。

六、SOD 与多种酶：清洁工与多功能工具

（一）超氧化物歧化酶

超氧化物歧化酶（SOD）是一种源于生命体的活性物质，被视为生命

科技中最具神奇魔力的酶、人体内的"垃圾清道夫"。它可以通过歧化反应（一种同一分子内某元素既被氧化又被还原的反应），把生物体在新陈代谢过程中产生的有害物质自由基转化为完全无害的水和氧气，是人体自我保护系统和免疫系统的核心力量。人体之所以会衰老和生病，一方面源于大量的氧自由基，另一方面则来自糟糕的外部环境，如污染、病菌传播等。而超氧化物歧化酶是氧自由基的天然劲敌和头号杀手，被称为"生命健康之本"。

（二）多种酶

酶是由活细胞产生的、对其底物具有高度特异性和高度催化效能的蛋白质或 RNA（核糖核酸）。

有些酶仅由蛋白质构成，例如水解酶、淀粉酶、蛋白酶、脂肪酶等。它们与消化作用密切相关，能催化食物的水解反应。这些酶的分子结构相对简单，只包含一种有催化作用的蛋白质。另外一些与代谢作用有关的酶，如氧化还原酶、脱氢酶等，则含有辅酶、维生素、核苷酸和金属离子等辅助因子。这些辅助因子与酶蛋白紧密结合，共同构成一个完整的酶分子。同时，这些辅助因子对于酶的催化作用也是必不可少的。

总的来说，酶是一种具有高度复杂性的有机分子，其结构和功能各不相同。不同的酶具有不同的组成和结构，但它们都承担着生物体内各种化学反应的催化任务，维持着生命的正常运转。

自然界的一切生命现象都与酶的活动有关。活细胞内全部的生物化学反应，都是在酶的催化作用下完成的。如果离开了酶，新陈代谢就不能进行，生命就会停止。

双歧杆菌携带多种酶。这些酶就像多功能的"瑞士军刀"，可以帮我们分解食物、吸收营养，让身体像"机器"一样高效运转。它带着吡咯喹啉醌、烟酰胺腺嘌呤二核苷酸、超氧化物歧化酶和多种酶组成的团队，在肠道中守护着我们的健康。

第三章　双歧杆菌的作用机理

双歧杆菌能够利用葡萄糖代谢生成乙酸和乳酸，比较适应酸性环境。其产生的乙酸和乳酸所形成的酸性环境，可以抑制或杀死包括有害菌在内的其他细菌。

双歧杆菌还会分泌许多小分子代谢产物——后生元。这些后生元可以进入血液，随血液循环到全身各个器官，其中一部分与人体的免疫系统相互作用，使身体内环境维持稳定的状态。同时，双歧杆菌能够通过自身特定的小"器官"（科学上称为"配体"），与我们肠道细胞上的对应位置（科学上称为"受体"）结合，牢牢地黏附在我们的肠道上。这种结合称为定植，它也是双歧杆菌用来抑制有害菌的重要手段。当肠道细胞的一个位置被双歧杆菌结合后，其他有害细菌就没法再结合了。

一、新生儿与双歧杆菌的初遇

从宝宝第一次呼吸开始，双歧杆菌就进入了他们的世界，有的来自母亲的肌肤，有的来自温暖的母乳。

（一）双歧杆菌和婴儿肠道

双歧杆菌是婴儿肠道的第一批定植者之一，可以帮助婴儿降解肠道无法消化的碳水化合物。它不仅有利于肠道的发育，还对婴儿的免疫系统有积极影响。双歧杆菌已被证明可以与人类免疫细胞相互作用，并改变免疫反应。

人类微生物组是不断变化的。双歧杆菌就是一个很好的例子。在我们的一生中，肠道中双歧杆菌的数量会发生变化，特定双歧杆菌物种的组成也会随着我们的饮食而改变。

双歧杆菌是生命最初几个月最丰富的细菌。母乳喂养的婴儿的肠道中的微生物多样性（细菌、病毒和其他微生物的种类）一般都非常低。添加固体食物后，微生物群开始发生变化。随着年龄的增长，当肠道中的微生物种类增加时，双歧杆菌就会减少。

（二）婴儿双歧杆菌的功能

首先，在婴儿肠道中，双歧杆菌会与肠黏膜上皮细胞中的磷酸酶结合，与其他厌氧菌共同占据肠黏膜表面，形成一层生物屏障，阻止病菌、条件性致病菌的入侵。

其次，双歧杆菌所具有的磷酸酶可将母乳中的 α-酪蛋白降解，促进人体对乳蛋白的吸收。双歧杆菌分泌的 β-半乳糖酶，可以长时间作用于乳糖的分解，提高乳糖的可消化性和吸收利用率，解除部分婴幼儿乳糖不耐受的困扰。

再次，双歧杆菌在人体肠道内可以合成多种维生素，比如维生素 B_1、维生素 B_2、维生素 B_6、烟酸、泛酸、叶酸和生物素等。这些物质一经合成就能立刻被黏膜细胞吸收，促进人体代谢和维护健康。

最后，双歧杆菌能维持肠道菌群平衡，防治婴幼儿消化不良和腹泻。因此，当婴幼儿肠道菌群紊乱，出现消化不良、腹泻等症状时，就要恢复及增加双歧杆菌的数量和优势，重建肠道的微生态平衡。

（三）婴儿肠道微生物组

尽管人们还在争论人类肠道微生物的起源，即肠道微生物组的建立是开始于怀孕期间还是出生的那一刻，但有一点越来越明确，即肠道微生物组的多样性及其功能受到出生方式、喂养方式、抗生素的使用、地理位置及与兄弟姐妹或宠物接触等因素的影响。

健康的婴儿首先会建立一个由双歧杆菌占主导地位的低多样性的肠道微生物组，其组成在很大程度上取决于婴儿的喂养方式。

母乳为婴儿提供了乳酸杆菌和双歧杆菌，后者可以降解母乳低聚糖（HMO）。母乳低聚糖是母乳中的第三大成分。每一位母亲都有 200 多种不同结构的母乳低聚糖。这类糖不能在婴儿的上消化道中被消化。相反，它们会到达结肠，在那里被双歧杆菌发酵，从而保护婴儿免受感染，并降低免疫相关疾病的风险。

相比之下，非母乳喂养的婴儿拥有与儿童相似的、更多样化的肠道微生物组，其中包含了更多的潜在细菌病原体（例如某些肠球菌和链球菌）和以蛋白质而非碳水化合物为食的肠道细菌。

同时，早期饮食也会影响肠道微生物的代谢。与非母乳喂养的婴儿相比，母乳喂养的婴儿具有更加丰富的乳酸和乙酸代谢物，这也是母乳喂养的宝宝更健康的原因之一。

（四）母乳中的微生物

母乳被誉为"自然的完美食物"，它为婴儿提供了成长所需的所有营养成分，包括蛋白质、脂肪、糖类、维生素和矿物质。母乳中含有大量的生物活性因子，如抗体、乳铁蛋白、生长因子和激素等，对婴儿的免疫系统成熟和健康发展至关重要。更重要的是，在婴儿吸食母乳时，乳头周围（乳晕）以及乳腺管皮肤下面的双歧杆菌会随之不断地进入婴儿体内，让婴儿体内的双歧杆菌得到持续、大量补充。因此，通过母乳喂养，婴儿能迅速建立初始的免疫防御体系，降低感染疾病的风险，并为未来的健康打下基础。

人体微生物组，尤其是肠道微生物组，对人体健康的影响日益受到关注。婴儿出生后，通过出生过程、喂养等接触到的微生物开始定植，形成个体独特的微生物组，有益于婴儿的营养吸收及代谢能力和免疫系统的发展。研究显示，母乳喂养的婴儿，肠道微生物组的多样性和稳定性要优于配方奶粉喂养的婴儿。母乳喂养可以有效预防过敏症、自身免疫疾病和肥胖等问题。

婴儿出生时，阴道分娩可以为婴儿的肠道提供第一颗微生物种子（主要在嘴唇和指甲中。由于婴儿有口膜保护，微生物不能直接进入口腔及以下的消化道内）。婴儿出生后，母乳继续向婴儿提供微生物。尽管最初很多人都认为母乳是一种无菌液体，但最近的研究表明，母乳有自己的微生物。

母乳微生物组，就像指纹一样独特，是为满足婴儿的营养需求而精心定制的。母乳中，含有大量的双歧杆菌。

值得注意的是，母亲肥胖、过敏、剖宫产，以及在怀孕和哺乳期间接受抗生素治疗，都会减少保护性双歧杆菌在母亲肠道和母乳中的定植，进而影响婴儿免疫系统的发育，并对以后的健康产生潜在影响。

（五）双歧杆菌是母乳喂养婴儿肠道中最丰富的细菌

双歧杆菌是健康母乳喂养的婴儿肠道中最丰富的细菌，在婴儿生长发育中发挥着重要作用。

双歧杆菌既可以"单独工作"，也能在肠道微生物组成熟过程中，促进其他与健康相关的微生物（如粪肠杆菌和某些能产生丁酸的细菌）的发展，为宝宝健康带来多种益处，包括：限制病原微生物在婴儿肠道中的定植、增强肠道屏障功能，以及具有抗炎特性。

婴儿肠道中的双歧杆菌菌株保持平衡，可以提高免疫系统、预防炎症反应，减少炎症反应导致的常见疾病，包括过敏、1 型糖尿病和炎症性肠病。最近一项研究发现，双歧杆菌的低丰度与肠道炎症有关。补充足够的婴儿双歧杆菌，粪便中的炎症标记物水平就会下降。

（六）影响婴儿双歧杆菌的因素

一般情况下，婴儿在出生后第 1 周，双歧杆菌明显比肠道内其他种类细菌的数量多；2 个月内双歧杆菌稳定增加，迅速拉高数量占比；2 岁的健康宝宝体内的双歧杆菌的数量占比达到最高——90% 以上；之后，开始逐渐减少。这可能与孩子饮食种类增多（某些食物可能更加适合非双歧杆菌种类的细菌）、活动范围增加（感染细菌种类增加）、环境变化（某些环境不适合双歧杆菌生长，而适合其他细菌生长）、思想压力增加（淘气、探索过程中受到打压和不悦等）有关。

在婴儿肠道中，双歧杆菌的种类及数量主要与下列因素有关。

1. 分娩方式

在自然分娩的婴儿的肠道中，双歧杆菌的数量较多；出生后 3 天内，双歧杆菌的数量显著增加。在剖宫产的婴儿的肠道中，双歧杆菌不仅数量较少，种类也相对较少。研究表明，剖宫产会延迟新生儿肠道菌群的早期定植，增加患特异性疾病的风险。

2. 喂养方式

母乳喂养可以促进婴儿肠道中以双歧杆菌和乳杆菌为主导的优势菌群的形成，促进婴儿健康成长。人工喂养的婴儿的肠道内菌群与母乳喂养的婴儿有一定的差异，以拟杆菌、肠杆菌、肠球菌和梭菌为主，双歧杆菌数量较少。

3. 胎龄

早产儿的肠道菌群主要由兼性好氧菌组成，其中双歧杆菌数量较少。

足月婴儿的肠道菌群主要由双歧杆菌和拟杆菌组成，其中双歧杆菌数量较多。

4. 辅食

不同的饮食会改变肠道中微生物的种类和多样性，如菊粉和低聚果糖，能促进双歧杆菌的生长。研究发现，对于添加双歧杆菌辅食喂养的婴儿，其肠道内双歧杆菌的定植率高于按照常规方式喂养的婴儿。

二、双歧杆菌是婴儿成长过程中的关键益生菌

新出生儿出生后数小时，双歧杆菌就能在肠道中定植，并伴随其一生。

新生儿的胎粪是无菌的。出生后数小时后，婴儿的粪便中就能检测出肠道杆菌、细球菌、链球菌。24 小时后，大肠杆菌就能在婴儿粪便中占据优势。出生第二天，婴儿粪便中可检出少量双歧杆菌，但它们的增长十分迅速；第4~5 天，双歧杆菌在婴儿粪便中开始占优势，最先出现的肠道杆菌的数量逐渐下降；第6~8 天，双歧杆菌在婴儿粪便中占据绝对优势，在母乳喂养的婴儿的粪便中占细菌总数的 90% 以上。

（一）肠道正常菌群

关于双歧杆菌在婴儿肠道中出现的时间，不同学者的研究结果稍有出入，但总的规律是一致的，即最先出现并强烈繁殖的是兼性厌氧菌，之后才会检出双歧杆菌。随着双歧杆菌数量的不断增加，兼性厌氧菌会逐渐减少，直至双歧杆菌占据绝对优势。

肠道正常菌群各成员之间此起彼伏的演替现象，与菌群间相互依赖和相互制约有关。

兼性厌氧菌对专性厌氧菌的生存是不可缺少的，在有氧条件下，不仅可以增殖，还能消耗肠腔内的氧，形成厌氧条件，促进厌氧菌的生长。

专性厌氧菌特别是双歧杆菌发酵，会产生大量的醋酸和乳酸，而母乳的缓冲能力较弱，肠道 pH 值会迅速下降。到了婴儿出生后第七天，母乳营养儿的粪便的 pH 值为 5.1，兼性厌氧菌受到抑制。双歧杆菌可以借助表面的磷壁酸牢固黏附在肠黏膜上皮细胞上，并在那里定植增殖。

此外，母乳喂养与肠道菌群的演替有关。母乳中含有分泌性免疫球蛋白 A，相当于自然被动免疫制品，可以抑制肠道杆菌的增殖、促进双歧杆菌繁殖。用加热灭菌的母乳和未加热灭菌的母乳分别喂养两组新生儿时，前者肠道杆菌的数量比后者高。

（二）婴儿双歧杆菌的作用

研究表明，肠道内如果没有足够数量的婴儿双歧杆菌，婴儿就更容易过敏、肥胖或患上 1 型糖尿病。婴儿双歧杆菌可以提高婴儿的免疫力，具体有以下作用。

1. 生产短链脂肪酸

婴儿双歧杆菌是一种厌氧菌，主要通过在肠道中产生短链脂肪酸（如醋酸）发挥作用，不仅可以为婴儿提供稳定的能量来源，还可以滋养肠道细胞内壁，阻止病原体和真菌的入侵。

2. 为肠道内壁生产蛋白质

与成人相比，婴儿的肠道细胞彼此之间的距离稍远，也因此更容易受到有害细菌入侵。为了填补这种空白，婴儿的身体就需要产生足够的蛋白质。婴儿双歧杆菌可以向肠道内层发出信号，促进婴儿体内蛋白质的产生。这些蛋白质分子会加固肠道内壁，降低其渗透性，减少感染侵袭和溃疡性结肠炎等疾病的影响。

3. 生产叶酸

婴儿双歧杆菌有助于叶酸的生产。叶酸也称为维生素 B_9。叶酸在体内能够合成叶酸盐，不仅能够促进小肠黏膜上皮功能的恢复，还可以在一定程度上恢复机体的免疫功能。

4. 分解母乳中的糖分

母乳含有丰富的母乳低聚糖。婴儿无法自行代谢母乳低聚糖。这些复杂糖类的产生，与滋养特定肠道细菌的进化优势有关。这些细菌在婴儿的免疫系统中发挥着重要作用。婴儿双歧杆菌就是这样一类细菌。

5. 生产唾液酸

婴儿双歧杆菌以人乳低聚糖为食，会发酵出一种称为唾液酸的物质。唾液酸能够助力脑部发育，是除 DHA 之外能够对大脑发育产生影响的重要营养成分。

6. 饿死坏细菌

婴儿肠道中的有害细菌的浓度一旦增加，肠道菌群就会失衡；婴儿肠道中的"好菌队"足够强大，便能抢得先机，占有肠道黏膜上最有利的地形，并在此安营扎寨，构建一道天然的防御屏障，让病原菌无处安身。

三、双歧杆菌对婴儿免疫力的影响

肠道不仅具有吸收功能，里面还聚集着大量的病菌、病毒和致病物质，所以肠道免疫系统容易被突破。不过，无数益生菌定植于肠道黏膜上，会产生大量分泌物，为"栅栏"抹上一层"掺麻捻的白灰"。这里，益生菌是"麻捻"，分泌物是"白灰"，病菌、病毒和致病物质都不能穿过。

肠道益生菌可以增强人体的免疫力，而双歧杆菌是肠道益生菌中的优势菌群。肠道益生菌的免疫作用主要体现在以下几个方面。

（一）阻挡病原

我们的肠道里有 100 万亿个细菌，重约 1kg。在健康状态下，益生菌占据了其中的大多数，特别是在大肠中。这些益生菌分布于我们的肠腔，混合在粪便中，使得粪便并不太臭。益生菌密密麻麻地分布在肠道黏膜、褶皱里、绒毛上，就像巢穴里的蜜蜂。在有益菌的压制下，肠道里原有的有害菌无法接近黏膜，只能老老实实、规规矩矩地待着，只要有粪便作为"食物"就已心满意足。

伴随饮食顺流而下的病菌、病毒、致病物质数量很少，且初来乍到，立足未稳。面对益生菌的严密防御，它们往往退避。因为肠道每时每刻都在蠕动，只要不能定植在黏膜上，它们就会通过肠道的蠕动被排出肛门。这就是人的健康态肠道。

（二）增加抗体

抗体就是球蛋白，就是免疫分子。益生菌生活在肠道黏膜上，而抗体存在于血管里。在血管内部，抗体是如何透过黏膜和血管壁而增加的呢？这确实让人百思不得其解，只能提出一种假设，即生命体之间有某种信息联系。

为了证明黏膜上的益生菌会让血管里的抗体增加，科学家们进行了实验。首先，他们培育了一群内外都绝对无菌的小白鼠，并测量了它们血液里的抗体水平。然后，这些小白鼠的肠道被注入了人的肠道益生菌。几周后，再次测量它们血液中的抗体水平。结果发现，血液中针对益生菌的特异性抗体数量有所增加。

（三）增加免疫细胞

益生菌在肠道黏膜上不停地繁殖、死亡，繁殖、死亡……双歧杆菌是益生菌中的优势菌群。双歧杆菌死亡后，菌体会自行分解，然后被黏膜上、褶皱上、绒毛上的毛细淋巴管吸收，输送到淋巴，又被淋巴细胞吸收……淋巴细胞因此加快分裂。淋巴细胞是另一种免疫细胞。淋巴细胞越多，人体免疫力就越强。

总之，双歧杆菌属是人体肠道菌群的重要有益菌之一，其通过蛋白、多肽（例如菌毛蛋白、肽聚糖水解酶）、胞外多糖、DNA 等分子与免疫细胞相互作用，同时其糖代谢产物可促进不同双歧杆菌菌株之间的相互培养，进而维持肠道免疫平衡。肠道内双歧杆菌的数量是反映宿主健康状态的指标之一。

第四章　双歧杆菌与衰老的关系

随着年龄的增长，机体功能会出现持续性退化或恶化，直至生命终止。这个过程就是所谓的"衰老"。任何人都无法逃避衰老的自然规律。

在人类努力寻求抗衰老的过程中，双歧杆菌功不可没。随着年龄的增长，双歧杆菌在体内的数量减少。相反，梭状芽孢杆菌、腐败菌、肠杆菌、条件致病菌等数量增加，造成肠内菌群失调。如果外界环境污染和自身菌群失调，机体就容易衰老。

蛋白质、氨基酸等物质被肠菌代谢，生成有害物质，就会被肠道上皮细胞吸收，加速衰老。另外，自由基及过氧化脂质，能加速细胞的衰老和死亡，也是导致衰老的主要因素。

双歧杆菌活菌制剂具有明显的抗衰老作用，可以提高生命质量、延长生命时间。

一、双歧杆菌与健康

双歧杆菌是伴随我们一生的不可或缺的重要细菌。

双歧杆菌与人类相生相伴，其消失与生命的终结也是同步的。青少年时期，双歧杆菌在肠道细菌总量中占比保持在40%左右；到中年时期则下降至大约10%；老年期双歧杆菌进一步减少。在老年阶段，我们的肠道功能开始下降，身体各项机能也开始下降。癌症患者和濒临死亡之人的肠道内甚至已检测不到双歧杆菌。

如果说你的身体是一座繁华的城市，那双歧杆菌就是这座城市的活力之源。在你年轻的时候，这座城市充满了朝气。双歧杆菌会在你的肠道中欢快跳舞，你的身体自然也充满活力。随着时间的流逝，双歧杆菌的数量慢慢减少，你的身体也开始出现了衰老的迹象，比如皮肤不再那么紧致，记忆力不如从前，甚至连爬几层楼梯都会累得气喘吁吁。

不过，不用担心，你只要做些生活上的改变，就能给双歧杆菌加油打气，让它们重新焕发活力。

首先，可以多吃一些含有丰富的双歧杆菌的食物，比如大豆、山药、芋头、木耳等。因为它们都是双歧杆菌的"能量饮料"，可以让双歧杆菌恢复活力。

其次，进行适量运动。运动不仅能改善你的健康状况，还能促进肠道蠕动，为双歧杆菌创造一个更好的生存环境。

最后，保持良好的生活习惯，比如睡眠充足、减少压力。这能让你的身体保持年轻和活力。

（一）双歧杆菌为何是人体健康的标杆

双歧杆菌对人体健康的多重益处如下。

（1）在肠道黏膜上形成保护性膜菌群，构建起一道生物学防线，有效遏制有害菌的侵袭与繁殖，从而维护肠道的微生态平衡和健康。

（2）通过代谢产生乳酸、醋酸等酸性物质，调节肠道环境至酸性，既能抑制有害微生物的生长，又能促进肠道蠕动，助力顺畅排便与有害菌的排出。

（3）具备合成多种维生素（如 B 族维生素）的能力，可以为人体健康提供必要的营养支持。

（4）能够分解体内潜在的有害物质。这些物质往往与致癌、衰老等过程相关。因此，双歧杆菌在延缓衰老、预防癌症方面有着积极作用。

（5）激发人体产生广泛的免疫应答，提升个体的健康防御水平。双歧杆菌不仅能够促进肠道内免疫细胞的活化和增殖，还能通过分泌抗菌物质等方式，直接抑制有害菌的生长，从而提高机体的整体免疫力，增强对疾病的抵抗力。

（6）双歧杆菌可以调节肠道的蠕动和分泌功能，改善便秘、腹泻等肠道问题，保持肠道的正常功能。

（7）双歧杆菌能够分解和清除体内的有害物质，如自由基等，减少这些物质对细胞的损伤和破坏，从而延缓衰老。此外，它们还能抑制有害菌的生长和代谢，减少有害物质的产生和积累，降低癌症等疾病的发生风险。

值得一提的是，科学研究发现，众多长寿老人肠道内的双歧杆菌的数量仍保持在年轻人的水平。这一发现进一步证实了双歧杆菌在促进长寿与健康方面的重要作用。

（二）双歧杆菌随着年龄增长而变化

从出生开始，双歧杆菌就会伴随我们的一生。随着年龄的逐渐增长，肠道内双歧杆菌的总浓度会不断下降，直至成年，肠道内双歧杆菌数量处于稳定状态；老年时期，其数量再次减少，浓度更低，甚至缺乏。因此，微生态学家把双歧杆菌的数量称为"健康指数"。

肠道内的双歧杆菌拥有超乎常人想象的本领，只不过不会直接作用于衰老的"生物时钟"上，而是在更高层面发挥作用，给人体带来生命的力量，延缓必然要发生的衰老。大量科学研究证实，我们的身体里存在100万亿个细菌。如果我们将细菌头尾相接排在一起，总长度足足可以绕地球两周半，远超人体的全部细胞数量。人体是由细胞组成的。一个人只有6万亿个细胞。

近30年的研究证明，双歧杆菌是人类健康肠道内的优势菌群，但人体在自然成长过程中，会受到环境、疾病、衰老等因素的影响，体内双歧杆菌的数量和总菌占有率都会逐渐下降。由此，肠道内双歧杆菌的数量也就成了判断肠道年龄的一个重要指标。

（三）打响青春保卫战

青春双歧杆菌是人体益生菌的一种，主要存在于16~45岁的人体肠道内。

青春双歧杆菌的存在时期，正是人体最青春的时期。足量的青春双歧杆菌，可以有效控制人体肠道内的菌群平衡。比如，青春双歧杆菌能产生乙酸和乳酸，抑制致病菌的有害发酵，促进肠胃蠕动，使人体正常排便；能合成维生素B群、氨基酸，帮助人体消化吸收，并提高钙离子的吸收；能对外来致病菌产生拮抗作用，使外来致病菌无法定植在肠道内；能有效分解乳糖，保证人体对乳糖的吸收；能保护人体细胞免受致癌物质的损害；能保护人体肝脏和心脑血管；能提高人体免疫力……

青春双歧杆菌可以治疗慢性腹泻与抗生素相关性腹泻，促进人体对乳糖的消化，保护身体不受病原菌的感染等。双歧杆菌发酵后，可制成含活菌的微生态制剂；或与辅料混合，就能配制成片剂或干粉胶囊产品。目前，许多国内医院已将双歧杆菌制剂作为治疗慢性腹泻的首选药物。

双歧杆菌的代谢产物对致病菌具有很强的拮抗作用。其抑菌机理主要是：产生有机酸，使肠道 pH 值降低，抑制致病菌的生长繁殖；有些双歧杆菌还可以产生抗菌类物质。

青春双歧杆菌是青年个体肠道中的优势菌，对人体有许多益处。其主要功效体现为补充体内的益生菌、调节正常菌群、调节肠道功能以及改善腹泻或便秘等。另外，这种益生菌制剂还有一定的抗衰老作用。

青春双歧杆菌对人体其他系统的健康也有积极影响。不仅可以降低血清胆固醇水平，减少心血管疾病的风险，还可以增强肠道屏障功能，降低过敏反应的发生概率，改善过敏性疾病，如湿疹、哮喘等。

青春双歧杆菌被广泛添加在酸奶、乳酸饮料、保健品和膳食补充剂等产品中，日常适当摄入这些食物或补充剂，就能维持肠道健康和免疫功能，促进整体健康。

二、双歧杆菌的生命周期

双歧杆菌的成长历程不是一部关于超级英雄的电影，而是一个真实发生在你我体内的故事。

新生儿呱呱坠地，其肠道犹如一片未开垦的土地。然后，双歧杆菌就会像一位勇敢的拓荒者，率先进入这片土地，参与建立起一个益生菌的家园。在这个过程中，双歧杆菌不仅要适应新环境，还要和其他微生物竞争。为了获胜，它必须展现出自己的独特魅力和生存技能。

随着时间的推移，双歧杆菌开始在这里茁壮成长，并展现出了多种超能力，如帮助消化、增强免疫力，甚至合成维生素等。之后，双歧杆菌就能在益生菌王国中脱颖而出，成为肠道健康的守护神。

初生儿的肠道微生物群落，最初由分娩过程中接触的母体微生物构成，随后通过母乳喂养、接触外界环境等方式，逐渐增多。一周之后，双歧杆菌就能成为绝对主导菌群（占比最终达到 90% 以上）。当然，该过程会受到多种因素的影响，包括分娩方式、早期喂养模式、遗传背景和早期生活环境等。

随着年龄的增长，双歧杆菌的丰度会逐渐衰减。这可能与饮食习惯的改变、生活方式、药物使用（如抗生素）、慢性疾病以及宿主免疫系统的老化有关。

三、双歧杆菌对皮肤的影响

皮肤是人体最大的器官，是防御受伤和微生物侵袭的屏障。

皮肤和肠道都是活跃的、复杂的免疫和神经内分泌器官，经常暴露在外部环境中，并寄生着各种微生物群落。为了维持生物体的稳态并保障生存，皮肤和肠道必须正常发挥功能。双歧杆菌就像是肠道里的精灵，不仅有助于守护着你的健康，还有助于让你的智慧之花绽放。

（一）皮肤和肠道微生物生态学

人类微生物组在个体间的组成存在显著差异，且对宿主免疫系统有着重要影响，因此，深入理解人类微生物生态学非常必要。

人类出生时获得母体微生物组。随着时间的推移，人体的微生物群落会发生变化。皮肤是人体外部和内部环境之间的边界。皮肤微生物组能影响人类的免疫系统。皮肤、口腔组织、呼吸道、肠道和阴道等处都寄生着数百种微生物属和种类，与其他组织和器官不同。

皮肤是人体最大的器官，为各种微生物群落的定居提供了多个生态位，如角质层、毛囊和皮脂腺。正常的微生物群落通过共生和寄生的方式与宿主相互作用。

影响人类皮肤微生物组生态系统、具有多样特征的皮肤区域是：干燥部位（掌侧前臂、臀部、掌后手掌）、潮湿部位（腋窝、前臂内侧、腹股沟、脐部）和油性部位（额头中央、翼突钩、枕部、胸骨）。其微生物组成存在差异。

人类消化道是人体中最复杂的系统之一。多年来，肠道微生物的生态学已经得到广泛研究。消化道系统始于口腔，通过胃和肠道后结束于肛门。消化道被认为是人体中微生物最丰富的器官，具有较高的微生物多样性。

消化道微生物群包括了来自生命的三个领域（细菌、古菌和真核生物）以及病毒，总计达到 10^{13} 个微生物细胞。肠道微生物群的多样性因个体而异。

根据化学成分和物理状态，消化道可以分为不同的部分。消化道的上部、胃和小肠的细菌数量相对较低（总计 10^3 到 10^4 个细胞），这主要由酸性环境和较短的过渡时间所致。结肠是消化道中最适合细菌寄生的区域，约有 10^{10} 到 10^{11} 个细菌细胞。肠道可以寄生 1000 种不同的细菌物种。

相比之下，人类肠道中真菌的多样性有限。肠道中的真菌如白念珠菌、曲霉菌、镰刀菌和隐球菌的丰度可能对宿主产生病原性影响。在古菌中，人类肠道中主要的属包括甲烷古菌属、甲烷球古菌属、硝化古菌属、热源孢菌属和热浆菌属。另一方面，病毒和噬菌体可以作为肠道中基因材料的储存库，并且可以破坏微生物细胞。

（二）双歧杆菌的护肤作用

随着双歧杆菌在肠道内数量的增多，皮肤会变得更加光滑、润泽、透、亮、紧致且有弹性，身体也会感到更加轻盈有力。

双歧杆菌的护肤作用主要表现在以下几个方面。

1. 抗氧化

双歧杆菌的完整细胞、细胞提取物及培养液上清液等，都有着不错的抗氧化作用，在发酵过程中可以合成抗氧化酶，直接清除自由基。同时，双歧杆菌中的诸多抗氧化因子能进入皮肤微环境，改善皮肤细胞与组织的氧化应激状态，减缓皮肤的老化与损伤。

双歧杆菌不仅抗氧化作用非常强，还能抑制脂质的过氧化，修复受损的

DNA，保护肌肤，淡化或减轻皱纹，延缓肌肤衰老。

2. 抑菌

皮肤感染是导致皮肤疾病的主要原因之一，而双歧杆菌可产生双歧杆菌素等抗菌肽，抑制皮肤中过度生长的致病菌，恢复皮肤微生物的稳态，预防或解决相关皮肤问题。

3. 修复屏障

皮肤是人体最大的屏障器官，不仅能抵御外界的物理、化学、微生物等刺激，还能减缓机体水分的经皮流失。角质层是表皮中重要的屏障层。研究表明，双歧杆菌提取物可促进角质形成细胞的分化，改善皮肤薄角质层，促进创面的愈合。

4. 缓解敏感

双歧杆菌溶胞物不仅能抑制辣椒素诱导的皮肤刺激，降低皮肤敏感性，还能减小水经皮流失的速率，改善皮肤屏障功能；不仅可以直接缓解机体对敏感源的反应性、缓解炎症反应和应激状态，还能提高皮肤的屏障功能、增加皮肤的抵抗力，限制外源性物质对皮肤的渗透。

5. 保湿滋润

双歧杆菌发酵产物中，含有多种天然保湿因子，比如乳酸、透明质酸和多糖等，可减少水分经皮流失、增加皮肤的持水量，进而增强皮肤弹性，减少皱纹的产生。其中，乳酸能破坏角质层之间的氢键连接，暴露角质细胞上的水结合位点；透明质酸由皮肤成纤维细胞分泌，具有极强的水结合能力和保湿作用。

6. 抗光老化

双歧杆菌发酵提取物不仅能激活皮肤细胞、促进胶原的合成，增强肌肤的抗免疫活性，在肌肤表层形成一层保护膜，还能抑制基质金属蛋白酶对胶原的分解，缓解紫外线对皮肤屏障功能的损伤，有效改善肌肤光老化等问题。

7. 营养

双歧杆菌中含有多种活性组分，包括氨基酸、维生素与矿物质等小分子，能滋养肌肤，补充多种营养成分，加速皮肤角质层的新陈代谢功能，抵抗自由基，深入皮肤激活细胞，增强其生物功能，让肌肤变得更加通透白皙。

另外，双歧杆菌中还含有多种营养物质，能深层次滋养肌肤，为皮肤提供足够的营养和水分，让皮肤变得滋润而富有光泽，缓解皮肤干燥、瘙痒和脱皮等问题。

总之，双歧杆菌是改善皮肤健康状况的"多边形战士"，其功效包括抗氧化、营养补充、抗菌消炎、修复屏障、抗光老化、保湿滋润和缓解敏感等。

四、双歧杆菌与大脑清晰度的关联

在我们的肠道和大脑之间存在着一条看不见却能互相沟通和影响的纽带，科学家们把它称为"脑–肠轴"。这条轴会对我们的情绪、认知能力乃至大脑的整体健康产生重要影响。

（一）双歧杆菌——大脑的守护者

双歧杆菌是一种有益的肠道微生物，能够维护肠道菌群平衡，降低内毒素水平，调节大脑炎症反应，有效保护我们的认知功能，帮助大脑保持清晰和敏锐。

近些年有关双歧杆菌属对脑发育、脑功能影响的研究增多，双歧杆菌属作为构成肠道菌群的主要菌属，也逐渐成为脑科学家研究的热点。较多动物实验证实，双歧杆菌属可改善焦虑、抑郁、孤独症谱系障碍（ASD）、强迫症等精神障碍症状，还可提高记忆功能。这些研究为新生儿早期应用双歧杆菌促进脑发育、改善脑功能提供了一定的理论基础。

1. 参与神经系统结构发育调控

（1）调节海马神经元数目。根据功能分工不同，海马沿长轴分为腹侧和背侧，前者的主要功能是调控焦虑和应激反应，后者则是参与空间学习和记忆过程。研究表明，海马体不同部位的神经发育过程会受到不同因素的调控。比如，双歧杆菌属对神经元细胞的形成及神经发育过程具有一定的调控作用。婴儿出生后至断奶前是肠道菌群影响脑发育的关键时期，若此阶段肠道菌群失衡，可能对神经发育过程产生不可逆的影响。

（2）调节杏仁核神经元形态。杏仁核的结构和功能改变与一系列神经心理疾病相关。研究发现，肠道正常菌群对杏仁核形态的发育必不可少。

（3）调节白质发育。白质发育如前额皮质髓鞘的形成，会受到肠道菌群的影响和调节。在恐惧和焦虑等情绪过程中，前额皮质发挥着重要作用，不仅能调节下丘脑－垂体－肾上腺轴功能，还与杏仁核共同构成情绪调控的神经回路。脑发育关键时期，前额皮质髓鞘的可塑性极强，容易受到外界因素的影响。双歧杆菌属对不同脑区域发育的影响不尽相同。

2. 参与神经发生过程中的营养支持调节

（1）调节神经营养因子表达。在神经发生、脑区域关联、维持神经元可塑性及突触完整性的过程中，神经营养因子发挥着重要作用，而脑源性神经营养因子是哺乳动物中枢神经系统中最主要的神经营养因子。研究发现，长双歧杆菌和丁酸梭菌等益生菌可增加下丘脑及其他脑组织中脑源性神经营养因子的表达水平。

（2）调节脑脂肪酸含量。在脑发育过程中，花生四烯酸和二十二碳六烯酸等多不饱和脂肪酸发挥着重要作用，不仅能促进神经的发生、调节神经传递、减轻氧化应激反应，还能影响情绪、学习和记忆功能。

3. 参与肾上腺轴的建立和功能调节

正常的肾上轴腺有利于压力调节能力、情绪稳定性、学习和记忆能力等的提高。胎儿期或出生后早期的慢性应激，可能会影响肾上腺轴的建立和功能调节，继而导致糖皮质激素的过度分泌。过多的糖皮质激素会影响神经元、髓鞘、神经胶质细胞的成熟，抑制突触形成，对大脑发育造成不良影响。

4. 参与调节神经递质及其受体表达

5- 羟色胺系统参与神经发生、细胞迁移、轴突导向、树突形成及突触形成等脑发育过程，其在出生后脑发育关键时期表达与调节紊乱，可增加成年后焦虑、抑郁等疾病的患病风险。

5. 参与免疫功能调节

益生菌不仅可以对外周的免疫反应进行调控，还能影响脑中小胶质细胞的数量和形态。在中枢神经系统中，小胶质细胞发挥的作用与巨噬细胞类似，是脑中的重要免疫防线。肠道菌群对脑内正常免疫功能的建立起着重要作用。

（二）肠道菌群失衡影响大脑发育

人体的肠道也被称为人的"第二大脑"。目前有大量研究发现，古老生物早期的神经系统在逐步演变过程中，一部分转变成了大脑中枢神经，其余部分则转变成了肠神经。也就是说，肠道菌群不仅是"活着"的微生物，还和人的大脑类似，具备自己的"思维"。

微生物 – 肠道 – 脑轴内存在许多已知的通信途径，包括迷走神经、肾上腺轴、脊髓、免疫系统和代谢产物的外周传输等，不仅与心血管疾病、癌症、代谢类疾病与肠道菌群失衡有着密切关系，还与精神类疾病如抑郁症、阿尔茨海默病等有关。

2024 年 4 月，一篇题为"婴幼儿肠道菌群及代谢水平指向儿童神经发育障碍"的文章在 *Cell Press* 上发表，进一步验证了肠道菌群对人脑初生发育发展的重要影响。

肠道微生物群会通过涉及芳香氨基酸和色氨酸代谢的途径，影响诸如血清素、多巴胺和脑源性神经营养因子等神经递质水平。这些物质都会对大脑产生各种影响。这就是肠道菌群的失衡可能会导致神经递质途径紊乱，进而影响我们的大脑健康的原因。而且，特定的微生物酶能够直接产生神经递质，直接影响我们的生理和行为。

肠道微生物群还能调节神经肽和神经递质受体的表达，影响体重调节和瘦素敏感性。通过抗生素、益生菌或粪菌移植等方式改变肠道微生物群组成，都会影响神经递质的调节。

正常情况下，大脑和肠道菌群通过"脑 – 肠轴"进行沟通与交流，互相影响，进而控制我们的饮食习惯和行为模式。一旦肠道菌群发生紊乱，就可能严重影响脑神经发育、加大认知障碍。

在饮食方面，肠道菌群也有着自己的"逻辑思维"。人们想要食用某种食物，不仅仅是大脑意识发出的信号，更是肠道菌群为了确保自己的生存和大脑共同作用的结果。

（三）双歧杆菌与大脑

人们以往认为，营养、教育和遗传是影响大脑发育的最重要因素。事实上，越来越多的科学研究提示：双歧杆菌在大脑发育中发挥着不容忽视的作用；大脑神经细胞的生长、神经细胞的凋亡、神经髓鞘的形成和功能、神经胶质细胞的生长和功能、血脑屏障的渗透性等都与肠道菌群密切相关。

1. 双歧杆菌影响大脑的其他化学物质

生活在肠道中的数以万亿计的微生物，会产生影响大脑工作的其他化学物质。比如，短链脂肪酸可以以多种方式影响大脑功能。

肠道微生物还会代谢胆汁酸和产生氨基酸，影响大脑的其他化学物质。胆汁酸是由肝脏合成的化学物质，通常与膳食脂肪吸收有关，也可能影响大脑功能。

2. 双歧杆菌影响炎症

肠道和大脑是通过免疫系统联系在一起的。双歧杆菌可以控制进入人体的东西和从人体排出的东西，完善免疫系统的功能，有效预防炎症的出现。如果你的免疫系统持续处于激活状态，就可能会导致炎症，这与一些脑部疾病如抑郁症和阿尔茨海默病有关。

脂多糖是革兰氏阴性细菌的细胞壁组分，也被称为内毒素。太多的脂多糖穿过肠壁从肠道进入血液，就会导致炎症。当肠道屏障功能被破坏、开始出现肠漏时，肠道中的一些细菌和脂多糖就会进入血液。炎症和血液中较高的脂多糖水平与重度抑郁症、痴呆和精神分裂症等脑部疾病有关。

3. 双歧杆菌可能参与了神经退行性疾病和痴呆的发生

神经退行性疾病的特征是运动功能受损和 / 或痴呆。这是全球老年人残疾和痴呆的主要原因之一。痴呆是对疾病类型进行分类和诊断的一系列症状，常见的形式包括阿尔茨海默病、血管性痴呆、颞叶痴呆、帕金森病和路易体痴呆。所有这些都是慢性或进行性的，表现为记忆能力、思维能力、行为能力和日常活动能力等的恶化。

所有痴呆的一个共同特征是慢性神经炎症，涉及小胶质细胞的过度激活和调节失调。小胶质细胞是大脑中常驻的巨噬细胞样免疫细胞，一旦被激活，它们的形态变化、促炎细胞因子的分泌增加，都跟活性氧和活性氮物质的释放有关，可导致神经元细胞死亡、血脑障壁完整性丧失和脑损伤。

实践表明：补充双歧杆菌，可以增强学习能力、记忆能力，延缓小脑萎缩。在双歧杆菌数量足够的情况下，由于睡眠质量提高，注意力集中，一般半个月左右，学生的成绩就会有变化。中年人在 3~6 个月就可以感受到找东西的情况明显减少。半年以后，脑梗、中风、偏瘫、小脑萎缩、帕金森病、阿尔茨海默病患者的行动能力可能会有所好转。

五、肠道益生菌王国的中年危机

（一）中年人肠道菌群更易失衡

在 40 岁之前，身体健康的成年人的肠道菌群是相对完善的。40 岁以后，肠道菌群中的益生菌比例开始急剧下降，70 岁开始快速下降。老年人肠道益生菌的数量只有青少年的百分之一到千分之一，而长寿老人肠道益生菌的数量是一般老人肠道益生菌数量的平均值的 60 倍。数据显示，现已发现 95% 的人体疾病与肠道菌群失衡有关，体魄强健的人的肠道内有益菌的比例高达 70%，普通人则为 25%，便秘人群减少到 15%，而癌症病人肠道内的益生菌的比例只有 10%。

为何中年人肠道菌群更易失衡？人进中年后，身体代谢功能降低，消化、内分泌、免疫力等生理功能都有所下降，导致肠道内原来占优势的正常有益菌数量大大减少，而有害菌数量则逐渐增加甚至反占优势。这些有害菌在中年人体内合成和堆积各种毒物，引起人体的慢性中毒，毒害人体各器官和组织，从而促进衰老和病变。

此外，中年人的肠道菌群平衡易受到外界环境的影响。例如，饮食结构的改变、药物的使用等都可能对肠道菌群产生负面影响。常吃益生菌，有助于重建肠道菌群平衡，减少潜在的健康问题。

由于年龄增长，中年人的免疫力相对较低。益生菌可以增强机体免疫功能，提高抵抗力，减少感染和患慢性疾病的风险。中年人通常面临更多的心理压力和情绪问题，而益生菌可以通过调节肠道菌群平衡来改善心理健康状况，提高生活质量。

中年人常伴随着血脂和血糖问题，而益生菌可以帮助调节血脂和血糖的水平，降低患心血管疾病和糖尿病的风险。

（二）中老年人补充双歧杆菌的益处

随着年龄的增加，许多中老年人的肠道菌群中双歧杆菌的含量迅速减少；一般到 65 岁时，双歧杆菌在消化道内的数量占比不足 10%；70 岁以后，更进一步下降到不足 1%。而有害菌含量逐渐增多，导致肠道菌群失衡，机体免疫力下降，给身体的健康带来了严重的威胁。这时候，对于老年人来说，补充双歧杆菌的益处无疑是较大的。具体的益处主要有以下几个方面。

1. 润肠通便

60 岁以上的老年人，大约有三分之一饱受便秘之苦。不仅如此，便秘更可能成为诱发高血压、心脑血管疾病的危险因素。而对于已经患病的人来说，便秘更加危险。

双歧杆菌、乳杆菌等益生菌能分泌乳酸促进肠胃蠕动。凝结芽孢杆菌细胞膜中含有保水蛋白，能保持大便湿润，改善便秘症状。

双歧杆菌可帮助维持肠道菌群平衡，抑制有害菌的生长，促进肠道蠕动，防止便秘。此外，其还可以增强身体的免疫机能，抵抗病原菌的感染。

2. 促进营养物质的吸收

中老年人是吸收不良综合征的高发人群。研究发现，因消化道疾病而住院的老年患者中，约有12%的人有不同程度的吸收不良综合征，主要表现为脂肪泻、大便恶臭及腹胀。

双歧杆菌可以平衡肠道菌群。同时，还可以分泌多种消化酶，促进营养物质的消化和吸收。

3. 提高免疫力

人一旦进入中年，免疫力会随着年龄下降，极易患病。双歧杆菌能促进抗炎因子的表达，降低促炎因子的表达，从而减轻肠道炎症；促进免疫球蛋白 A 的表达，提高免疫力。

双歧杆菌能够刺激人体免疫系统，提高机体的抗病能力。研究还发现，双歧杆菌能够吸附食物中的致癌和致突变物质，保护机体细胞免受这些致癌物质的损害。

4. 预防骨质疏松

45 岁之后，人体钙流失逐渐增加。随着年龄的增加，人体极容易出现骨质疏松。据统计，我国 60~69 岁的老年女性的骨质疏松症的发病率高达 50%~70%，老年男性的发病率则为 30%。骨质疏松症常表现为腰腿疼、腿脚不灵便。

多年来，人们主要靠补钙来预防和治疗骨质疏松。但是，年龄增长引起的骨吸收增加问题并没有从根本上得到解决。研究发现，双歧杆菌在促进钙吸收、降低骨吸收方面发挥着重要作用。

5. 减轻更年期综合征

研究发现，更年期综合征人群的肠道双歧杆菌数量显著减少，肠杆菌及肠球菌数量显著增加。补充双歧杆菌有助于恢复更年期女性肠道菌群平衡。

同时，有研究发现，双歧杆菌可以促进食物中的类雌激素成分转化成更利于人体吸收的雌激素，减轻雌激素分泌量降低引起的更年期综合征症状。

6. 保护肝脏

双歧杆菌可以抑制产生内毒素的有害菌，从而保护肝脏。国内有医院采用双歧杆菌制剂对慢性肝炎患者进行治疗，发现患者的肝功能逐步改善。

7. 缓解焦虑和抑郁症

双歧杆菌有助于保护机体，避免因母体分离引起的压力导致的抑郁症状。

（三）正确面对中年危机

随着年龄的增长，双歧杆菌的数量开始逐渐减少，它们的力量不再像年轻时那样强大。

那我们怎样合理补充双歧杆菌呢？主要有下面三点。

（1）改善饮食，增加体内的双歧杆菌数量。研究表明，经常进食含双歧杆菌的益生元较多的蔬菜（比如芋头、山药、秋葵等）、糙米等的普通人群，体内的双歧杆菌数量就较多；进食较多高脂肪、肉类的人群，体内的双歧杆菌数量就较少。

（2）摄入双歧因子，可促进体内双歧杆菌的生长繁殖。双歧因子是指一些功能性低聚糖，可选择性地刺激肠道双歧杆菌的生长和代谢活性，改善肠道菌群平衡，有利于人体健康。

（四）哪些中年人需要补充双歧杆菌

研究指出，体魄强健的青少年的肠道内双歧杆菌的比例达到70%，普通人则是25%，便秘人群减少到15%，而癌症病人肠道内的益生菌比例只有10%以下。因此从长期来看，适当食用一些富含益生菌的食物，对于维护肠道健康有重要意义。以下几类中年人可能需要补充双歧杆菌。

1. 急性感染性肠道炎患者

当外来病原体引发了急性炎症时，肠道免疫功能变差，容易频繁腹泻，导致双歧杆菌规模严重缩减。这时候，补充双歧杆菌就可能轻微缩短腹泻持续的时间、减轻腹泻的程度。

2. 服用抗菌药后的中年人

抗菌类药物对肠道菌群的破坏比较严重。肠道菌群被破坏后，依靠自身恢复比较困难。因此服用抗菌药后的中年人需要额外补充双歧杆菌，帮助肠道微生态恢复平衡。

3. 消化差的中年人

研究表明，人体内双歧杆菌数量会随着年龄增长而减少。双歧杆菌严重不足，会导致肠道功能衰弱，消化功能变差。此时，人需要适当食用含益生菌或双歧杆菌的食物。

4. 免疫力低下者

肠道担负着人体70%左右的免疫功能，而双歧杆菌更是重要的免疫活性要素。因此，常年多发感冒、有慢性炎症、免疫力较低、换季时肠胃易生病的中年人，可以适当补充一些双歧杆菌。

六、双歧杆菌与抗衰老

在生活条件越来越好的当今社会，健康、活力、年轻、美丽，越来越被人们关注，尤其是很多漂亮女士，60 岁依然想留住 40 岁的容颜。当然，越来越多的人也意识到，皮肤的靓丽只是表层，五脏六腑的每个细胞健康才是肌体活力、皮肤靓丽的原动力。

衰老是伴随生命发生、发展过程中的一种活动，是机体从构成物质、组织结构到生理功能的退化和丧失的过程。衰老并不单纯指的是面容的衰老，还包括身体机能、器官组织的衰老。从受精卵状态开始直至死亡，人体一直都在衰老。只是到了一定阶段，衰老的特征才开始明显体现出来，而衰老的终点便是死亡。

国内和国外的研究表明：60 岁的时候，一般人消化道内双歧杆菌数量占比为 3%~7%；70 岁以后，双歧杆菌占比只有 1% 以下；80 岁的时候更低。从双歧杆菌占比的角度分析，人生命最脆弱的时期是 70~90 岁。

人类的终极追求便是健康。通过给老年人补充双歧杆菌，来延缓各个器官组织的衰老，或许是保持健康的一大手段。

（一）衰老不可避免，但延缓衰老却可以做到

诺贝尔奖得主梅契尼科夫在一个多世纪前就提出：衰老是由结肠中腐败细菌产生的毒素引起的。同时，他也强调了肠道微生物对抗衰老的重要性。在随后的大量肠道菌群研究中，越来越多的研究者开始重视肠道与抗衰老之间的关系。

日本庆应义塾大学医学院的研究团队在 2021 年便发现了肠道微生物群与长寿之间的潜在联系。在临床试验研究中，他们对不同年龄人群的肠道菌群进行分析研究，结果发现：与其他人群相比，百岁老人拥有更独特的肠道菌群组成，其肠道中有特殊的某些菌群以及代谢产物，能够通过新的生物合成

途径产生独特的次级胆汁酸。

另外，我国四川都江堰也是一个长寿之乡。中国专家对四川省都江堰市和雅安市的 168 名百岁老人进行研究分析，得出百岁老人拥有更独特的肠道菌群组成的结论。结果显示：百岁老人体内的肠道菌群的多样性较高且富集了多种优势菌群。

多个研究分析说明，肠道菌群是人体健康的影响因素。肠道中存在多种能够减缓器官衰老、维持身体健康的菌群，其中双歧杆菌的作用比较突出。

（二）双歧杆菌可抗衰老

双歧杆菌的数量可能预示着我们的衰老程度。人体的衰老是从肠道开始的，之后才是身体的老化。可以说，双歧杆菌是肠道年轻状态的晴雨表，也是健康的晴雨表。

1. 双歧杆菌具有延缓衰老的作用

双歧杆菌具有延缓衰老的作用，主要原因有两个：一是双歧杆菌及其代谢产物（后生元）激活机体免疫系统，使之保持免疫监视和免疫清除功能，不断地清除衰老的细胞、死亡的细胞或突变细胞，使机体不因死亡细胞堆积而衰老下去；二是双歧杆菌及其后生元可诱导延缓衰老的过氧化物歧化酶合成，减少自由基对体细胞的损害。此外，双歧杆菌还可以刺激细胞免疫系统，使之产生适量的肿瘤坏死因子、白介素等，并可诱导老化、突变细胞凋亡，达到抗衰老的作用。

双歧杆菌是抗衰老的关键。作为人体内的一个重要微生物生态系统，肠道微生物群包含细菌、病毒、真菌等多种微生物。这些微生物不仅可以维护消化道健康与免疫功能，还可以抗衰老。此外，肠道菌群在食物的消化与吸收过程中发挥影响，并影响到机体对营养的利用。健康的肠道菌群有助于保持正常的代谢活动，可减少患慢性病的风险，延缓衰老进程；能够合成维生素和抗氧化剂等物质，促进细胞修复，降低自由基造成的损伤。

2. 双歧杆菌抗衰老的生理作用

随着年龄的增长，人体会出现机体功能的持续退化或恶化，直至生命终止。双歧杆菌抗衰老的生理作用在于以下几点。

（1）双歧杆菌能抑制肠道腐败菌产生氨、硫化氢、靛基质、酚等有害物质，减轻肝脏负担，减少氧自由基的形成。

（2）双歧杆菌具有赋活免疫作用、增加超氧化物歧化酶的功能，可以清除氧自由基及抑制过氧化脂质的生成。

（3）双歧杆菌可制造有机酸等后生元，降低肠道 pH 值，从而有利于铜、锰、锌等矿物质的吸收，制造更多抗氧化物质抗击衰老。

七、如何通过饮食和生活方式支持双歧杆菌

要想让双歧杆菌发挥最大的作用，就要给它们提供合适的"土壤"。也就是说，要通过健康的饮食和生活方式来支持它们。在饮食方面，多吃含有丰富纤维的食物，比如谷物，因为这些食物都有助于双歧杆菌的间接生长。在生活方式方面，保持适当的运动和充足的睡眠能帮助肠道微生物更好地工作。

（一）通过饮食习惯来改善肠道菌群

肠道菌群并不是简单的细菌群落，而是人体的"另一个器官"，是人体的"第二大脑"，需要被呵护。如何改善肠道菌群的状况呢？

1. 饮食多样化

饮食多样化，有利于形成多样化的肠道菌群。体内共生的细菌种类越多，对健康的益处可能就越大。中国居民膳食指南推荐每天保证摄入 12 个品种以上的食材，每周累计要摄入超过 25 个不同品种的食材。

2. 间接吃发酵食品

发酵食品含有丰富的益生菌，虽然无法显著改变健康人的肠道菌群，但可以改善肠道菌群的功能，增强微生物群的功能，减少肠道中致病细菌的数量。研究表明，常喝酸奶的人的肠道中有更多的乳酸杆菌，从而帮助减轻乳糖不耐受的症状；同时，这些人的肠杆菌科细菌也较少，可降低体内炎症和慢性疾病的发生风险。

3. 吃粗粮谷物

粗粮谷物等含有大量纤维和不可消化的碳水化合物，如葡聚糖。这些碳

水化合物不会在小肠中被吸收，会进入大肠，促进肠道中有益细菌的生长。研究表明，粗粮可以促进双歧杆菌、乳酸菌和拟杆菌的生长，而这些都有利于人体的健康。

4.吃含有丰富的多酚的食物

多酚虽然不能被人体细胞有效地消化，但可以被肠道菌分解，有效改善心脏和炎症相关的疾病。富含多酚的食物有：可可和黑巧克力、红酒、葡萄皮、绿茶、洋葱、西兰花。其中，可可中的多酚，可增加人体内双歧杆菌和乳酸菌的数量，减少梭菌的数量；红酒中的多酚，能提高代谢综合征患者体内益生菌的水平。

（二）通过生活方式调控支持双歧杆菌定植

改变生活方式有助于维持肠道菌群的平衡，并防止细菌的过度生成。

1.减少抗生素的使用

抗生素对健康肠道菌群具有极大的破坏力，会导致有益菌减少，因此不要过度使用抗生素，仅可在医生开具处方的情况下服用。

2.服用益生元

益生元是许多食物中存在的健康植物纤维，是天然食物中不易被人体消化的多糖成分，可以刺激肠道中双歧杆菌的生长，帮助降低患病风险。

3.限制酒精摄入

酒精会破坏肠道菌群的平衡，因此要少喝酒或戒酒。

4.保持良好的牙齿卫生

口腔中有害细菌过度生长，也会对肠道的菌群造成负面影响，因此要定期洗牙和使用牙线。

5.加强锻炼

锻炼不仅可以增加有益菌的数量和肠道微生物多样性，还能增加短链脂肪酸的合成和碳水化合物的代谢。因此，要想有效地预防肠道菌群失衡，维持肠道菌群健康，日常生活中就要加强锻炼。

（三）逆向补充双歧杆菌

肠道健康与整体健康紧密相关。平衡的肠道微生物群不仅能够促进营养吸收、增强免疫力，还能对宿主的情绪和认知功能产生积极作用。因此，补充活着到达消化道内的双歧杆菌，摄入适宜的益生菌产品，能增加肠道中双歧杆菌的数量，促进肠道健康。

不过，双歧杆菌的效果受到多种因素的影响，包括个体的肠道微生态特征、益生菌的剂量和种类，以及宿主的生活方式等。因此，逆向补充活双歧杆菌应当在科学研究和专业医疗建议的基础上进行，以确保安全有效。

第五章　双歧杆菌和人类健康

健康人的肠道内栖息着大量的双歧杆菌。最典型的例子是吃母乳的婴儿，他们的肠内细菌群中 90% 以上都是双歧杆菌。双歧杆菌可制造出乙酸和乳酸，因此可以抑制病原菌的繁殖，防止人体受到感染。双歧杆菌在肠道内越占优势，人体越不容易遭到病原菌的侵入而感染疾病。

一、何为健康

（一）生物意义上的身体健康

按照当前的科学研究结果，所谓健康，其实就是没有疾病。然而，考虑到疾病的多样性和复杂性，在现实环境中任何生命体或多或少都会受到疾病的困扰。从这个意义上来看，健康也就成了一种不可能存在的状态。

生物意义上的身体健康，共有下面几个标准。

标准 1：屏障系统的完整性

为了将自己与环境区分开来，所有的生命都需要树立屏障，并实现熵的降低。功能正常的屏障系统是生命维持一切细胞和细胞以上层面生理活动的前提条件。

屏障系统的完整性对于健康的重要性，主要体现在以下几个方面。

（1）线粒体膜的完整性。线粒体膜与多数细胞屏障系统一样，一方面需要绝对的密闭性，以保证自身内部的电化学物质梯度；另一方面又需要镶嵌在膜上的转运体和离子通道等蛋白正常运作，保证内部与外界环境的交互，以实现新陈代谢和离子交换。离子浓度不足、能量缺乏或受到外界毒素的影响，都会改变线粒体膜的正常功能，让线粒体失去电化学梯度，释放一系列能够触发细胞死亡机制的信号蛋白，造成 DNA 损伤，让基因组显得不稳定，进而引发灾难性后果。

（2）细胞膜的完整性。细胞膜功能的丧失会让细胞质中的生物成分外泄，引发一定的炎症反应。

（3）血脑屏障的完整性。血脑屏障是一个由多种细胞共同组成的系统屏障，控制着中枢神经系统与血液循环系统的交互。血脑屏障功能失调会极大地降低神经系统对毒物的清理效率，引发多种神经退行性疾病。

标准 2：局部侵害的限制力

生命体会不可避免地持续性地遭受的侵扰完全有可能来自机体内部，比如 DNA 损伤和修复失败、表观遗传改变、异常蛋白和细胞器的堆积等。同时，病原体入侵、机械或化学损伤等外界因素，也无时无刻不在伤害着机体。

这些侵害的发生一般都从机体的局部开始，随后才会逐渐将不良影响扩散至更大的组织系统层面，乃至全身，造成功能单元的永久性丢失，阻碍机体的自我修复能力，最终引发一系列致命的恶性疾病。因此，抑制局部病理损害的扩散能力，对于保持健康非常重要。

（1）屏障修复。为了防止有害物质的进一步扩散，机体就要及时对屏障系统进行修复，这样必然会对健康产生增益效果。以器官层面为例，任何局部的割伤、冻伤和烧伤都会触发一系列紧急修复反应。这些反应包括在伤患处召集大量中性白细胞和巨噬细胞引发炎症，从而限制病原体的进一步入侵。同时，还会加速毛细血管的生成，促进成纤维细胞增殖，进而加速皮肤屏障的修复。然而，在不断衰老的过程中，这种修复能力会快速衰退。因此，老年人往往更容易遭受慢性疾病的困扰。

（2）炎症。在正常的生理状态下，炎症发生的区域和持续的时长都会受到机体的严格控制。一旦这些控制机制失常，炎症便会由局部扩散至整个系统层面，引发持续性的高烧反应，对机体的正常生理功能造成严重影响。

该过程中的持续的、低强度的慢性炎症，被认为是引发多种健康问题的主要原因。

（3）细胞衰老与清除。基因毒物、新陈代谢信号和炎性因子等都会引导细胞进入衰老状态。衰老细胞不仅会永久性地停止增殖，还会分泌大量被称为衰老细胞相关分泌表型的炎性因子，引发大范围炎症，促使更多的细胞进入衰老状态。虽然说衰老细胞的生成是机体对局部损伤的重要应对策略，但如果不及时清除这些衰老细胞，细胞衰老现象就可能会扩散至组织甚至器官层面，引发衰老和病变。

标准3：物资的回收与再利用

尽管生命体能够近乎完美地限制住局部侵害的扩散，但为了维持自身健康，依然需要高效地清除侵害过程中生成的损伤，并进行替换。

（1）细胞的死亡、清除与替换。在生长和修复过程中，机体需要不断引导旧细胞死亡并清除，随后生成新细胞进行替换。接收到信号后开始进行程序性死亡的细胞，首先需要准确地将编码着"找到我"的生物信号释放出去，以引导吞噬细胞的到来；然后提高细胞膜上表达的"吃掉我"标记，使自身能够准确地被吞噬细胞清除。在该过程中，只要出现差错，就会导致死亡细胞的堆积，引发多种疾病。死亡细胞被清除后，机体需要及时生成同样数量、同样类型的细胞进行替换。要想保证该过程的顺利完成，干细胞需要满足三个指标，即数量充足、基因组完整、表观遗传印记稳定，但在衰老的过程中这三项指标都会快速下降。干细胞疗法和Senolytics（一类专门清除衰老细胞的药物），可以同时对这一标准进行干预，改善自身健康。

（2）细胞的自噬。细胞自噬是真核生物对细胞内物质进行周转的过程。在这一过程中，损坏的蛋白或细胞器被双层膜结构的自噬小泡包裹，进而送入溶酶体（动物）或液泡（酵母和植物）中进行降解，以实现循环利用。简言之，所谓细胞的自噬，其实就是细胞吃掉自己。在发育过程中，细胞会生产出大量的细胞器和功能蛋白。尤其对于增殖更新迅速的细胞而言，它们在不断分裂的过程中，不停地稀释这些物质，并进行更新。而那些更新相对缓慢甚至不更新的细胞，就需要通过自噬机制，对异常物质进行清除和回收。在健康的生理状态下，细胞的自噬水平会维持在一个相对较低的基线，进一步降低或过分上调自噬水平，会引发肥胖、糖尿病、动脉粥样硬化等疾病。不论是通过药物手段调控细胞自噬，还是通过补充烟酰胺腺嘌呤二核苷酸的方式稳定线粒体自噬，都有益于健康。

标准 4：系统间的交互

保证各层面和各系统之间的正常交互，是保证机体生理功能稳定的基础。

首先，在亚细胞层面，各独立细胞器通过相互协作才能保证细胞的健康运行，而健康运行的独立细胞则要通过与其他细胞之间的交流与合作，才能确保组织器官的正常功能。

接着，多器官组成的人体，只有与体内体表的菌群（如肠道菌群）形成良好的共生关系（两种生物彼此互利地生存在一起，若互相分离，两者都不能生存），才能实现整体生理功能上的健康。

标准 5：生物节律的稳定性

机体要实现各层面和系统的正常交互，需要进行时间上的协同，因此生命体各层面生物节律的稳定，也是维持健康的关键。

人体以中枢神经系统中的视交叉上核作为自身的"主时钟"，对体内所有细胞的昼夜节律进行统一调节。每个细胞都拥有一套由多种蛋白组成的分子时钟。扰乱昼夜节律会严重影响到干细胞功能、线粒体功能、免疫系统，以及与微生物的共生。而间歇性禁食等方式则能修复昼夜节律，维持身体健康。

标准 6：稳态的恢复力

内环境稳态会对大量的关键生物指标造成影响，比如血液 pH 值、血清渗透压、动脉氧气与二氧化碳浓度、血糖、血压、体温、体重、荷尔蒙水平等。内分泌紊乱也是诸多健康问题的起因。因此，当内环境稳态遭到破坏后，机体具备将其恢复至基线的能力，这对于维持健康状态至关重要。

标准 7：毒物兴奋的调控

毒物兴奋是指机体在接触到低剂量的毒物后所做出的适应性反应；现在通常被用来代指通过施加少量压力因素，在不造成损害的情况下，触发机体的应激，恢复内循环稳态，同时进一步增加适应性。

（1）健康期是指个体一生中不受明显疾病困扰的时期。毒物兴奋效应是影响健康期的重要手段之一。我们所熟知的运动就是一种典型的基于毒物兴奋效应的健康干预手段。运动带来的益处很大程度上依赖于它在短期内促进活性氧产生和热休克蛋白合成的能力。

（2）实验表明，遭受到过低剂量辐射时，个体的患癌概率降低，且寿命延长。毒物兴奋反应在多种衰老模型中都表现出了衰退的迹象，要想机体快速适应外界毒物压力、维持健康，关键还在于毒物兴奋反应的调控能力。

标准8：修复与再生

机体的健康不可避免地会遭受各种因素引发的损伤，及时对这些损伤进行修复，并将其再生至受损前的状态，是维持健康的核心手段之一。不过，生命体内的每个层级和组织系统都存在独特的修复与再生机制，而特定层面、特定类型的损伤只能激活特定的修复与再生机制。

需要说明的是，上述标准并不是相互独立于彼此的，它们之间存在着明确的关联。只要有一个标准出现问题，就可能会引发"多米诺骨牌"般的连环坍塌。多数足以危害生命的具体疾病都能反映出健康状态的下滑，且这些下滑与衰老极其相似。

（二）心理健康

心理健康是一种良好的、持续的心理状态与过程。心理健康的人一般都具有生命的活力、积极的内心体验、良好的社会适应性，能够有效发挥个人潜力，积极为社会做贡献。

1. 心理健康的真正内涵

第三届国际心理卫生大会曾明确心理健康的标志是："身体、智力、情绪十分协调；适应环境，人际关系中彼此能谦让；有幸福感；在职业工作中，能充分发挥自己的能力，过着有效率的生活。"我们可以从静态角度和动态角度理解心理健康。

从静态角度看，心理健康是一种心理状态，它在某一时段展现着自身的正常功能。这种状态就像宁静的湖泊，表面风平浪静，内部生态系统运转有序。也就是说，个体在某一特定时间段内，能够展现出与其年龄、性别、文化背景等相适应的心理特征和行为模式，如情绪稳定、思维清晰、自我认知准确等。这种状态的维持是心理功能正常发挥的基础。心理健康的人能够有效应对日常生活中的挑战，保持内心的平和与满足。

从动态的角度看，健康的心理活动是一种处于动态平衡的心理过程，是在主体与内外环境的相互作用中实现的。在这个过程中，个体的心理活动会不断地与外界环境进行交互作用，并实现自我调整与适应。有了动态平衡，个体就能灵活应对内外环境的变化，如工作压力、人际关系变动、生活事件冲击等，同时保持心理结构的相对稳定和功能的持续有效。不过，要想在逆境中寻找到新的平衡点，实现心理的成长与发展，个体就要具备强大的心理韧性、自我调节能力和积极应对策略。

2. 个人心理健康的判断标准

一般来说，只要心理健康，即使自己不够自信，随着认知的不断提升，也会慢慢变得自信起来。那到底怎样的心理状况才算是健康的呢？这里为大家整理出来一个心理健康的标准，仅供参考。

（1）了解自己。心理健康和了解自己有什么关系呢？充分了解自己的人，明白哪些是自己"需要"的、哪些是自己"想要"的，哪些是自己的优势、哪些是自己的不足。如此，他们就能确定方向，并为之不断努力。虽然有时候会感到很累，也会遇到众多波折，但他的人生具有独特的价值。

每个人都是一个独特的个体，虽说全世界有60多亿人，但没有任何两个人是完全相同的，即使是双胞胎或多胞胎也是如此。不论自己现在怎么样，试着接纳自己，了解自己的缺陷和不足，避免去做一些超越自己能力的事情。

对自己不了解，认为自己"想要"的就是需要的，很容易扭曲了心理。虽然你的欲望在无限膨胀，但得到的却不是自己真正"需要"的。比如，某女士家庭条件非常好，她尤其喜欢买衣服，但买回来却不一定穿，以至于她的衣服在衣柜中都放不下了。为了腾出地方放新买的衣服，她便选了几件衣服送给表妹。表妹考虑了一下，便收下了。这几件衣服花了表姐数百元钱，虽然她穿过，却是表妹需要的。表妹非常感谢表姐，自己也非常开心。

（2）面对现实。不论现实多么残酷，逃避永远解决不了问题，只能让自己暂时获得舒适的感觉。不管是家庭不富裕，甚至还有些困难；还是工作不尽如人意，爱人不体贴入微，孩子不聪明伶俐；抑或是你正在遭受着挫折和磨难……但只要正确面对，主动接受，就有改变的可能。面对无法改变的现实，只要接受并脚踏实地，就能有所收获。

（3）擅长与人相处。生活在由人构成的社会里，我们就像生活在水中的鱼一样，一旦离开了他人，离开他人的帮助，将无法生存。

心理学家统计，人生 80% 左右的烦恼都与人际环境有关。对别人挑三拣四，动辄向他人发火，侵犯他人的利益，忽视了人际交往的分寸，都会给自己带来无尽的烦恼。

（4）敢于承担责任。除了襁褓中的婴儿外，每个人都有自己的责任和工作。比如，孩童要尊重父母，做力所能及的事；成年人要承担家庭和社会的重担，努力工作。只有敢于承担责任、从工作或生活中得到乐趣，心理才是健康的。意大利著名画家说："劳动一日，方得一夜安寝；勤劳一生，可得幸福长眠。"逃避责任只能使人感到烦躁和悔恨。

（5）能控制住自己的情绪。在心理健康中，情绪发挥着重要作用。心理健康的人，心情一般都是愉快的、开朗的、自信的、满意的。他们善于从生活中寻求乐趣，对生活充满希望。反之，如果总是抑郁、愤怒、焦躁、嫉妒等，心理多少都存在一定的问题。只要我们的心理是健康的，情绪表达就会恰如其分。

（6）善于塑造自己的人格。人格是个人所有稳定心理特征的总和。心理健康的最终目标就是保持人格的完整性，培养出健全的人格。印度谚语说："态度决定行为，行为决定习惯，习惯决定人格，人格决定命运。"我们的性格就是由自己每时每刻的行动日益塑造而成的。

（7）有家有业。家庭和事业是成年人责任与压力的源头。家庭的和睦与事业的成功并非绝对对立，而是相互促进的。只有心理健康的人，才能处理好二者之间的关系。

（8）取之有道。"君子好财，取之有道"这句话，一方面是说我们要光明正大地增加收入，同时也告诫我们，要以健康的心态对待自己的私欲。

二、双歧杆菌与健康之间的关系

近年来，很多研究都发现，人类的健康与肠道菌群有着密不可分的关系。肥胖、糖尿病、高血压、抑郁症、阿尔茨海默病、焦虑等都与肠道菌群的变化密切相关。在众多肠道菌群中，双歧杆菌的作用和地位更加独特且显著。

（一）双歧杆菌是肠道的隐形守护者

人类肠道是一个高度复杂的生态系统，定植着大量的微生物，影响着宿主的生理机能、免疫功能和健康状态。

构成人类肠道微生物的大量成员中，存在一些和宿主共同进化的有益生作用的微生物，其中就包括双歧杆菌。双歧杆菌作为人类肠道菌群中的重要菌群之一，能够对人类产生益生作用，因而被认为是益生菌。特定双歧杆菌菌株可能具有抗癌作用和抗菌活力，有助于抵制致病菌、降低溃疡性结肠炎的复发频率等。

1. 双歧杆菌对肠道的守护作用

要想认识双歧杆菌，就要从婴儿的消化道开始。在母体内时，胎儿的肠道是无菌的。出生以后，去掉口膜之前，新生婴儿的消化道内采用现有的技术，也检测不到任何细菌。但是，去掉口膜后仅仅两个小时，婴儿的肠道就有了细菌。婴儿出生后第一天，粪便中就有了大肠杆菌；婴儿出生后第二天，粪便中就有了双歧杆菌；从第五天开始，婴儿消化道内有了多种不同的细菌，双歧杆菌的数量逐渐增多；一周以后，双歧杆菌的数量占比显著增多；到 2 周岁时，健康幼儿消化道内，双歧杆菌的数量占总量的 90% 以上。

（1）双歧杆菌对肠道的调节功能。双歧杆菌具有较强的产酸能力，会导致肠道的 pH 值降低，进而抑制致病菌的生长，发挥调节肠道微生态平衡的作用，有效保护宿主免受病原体的侵害。

人体患肠道病的原因之一就是肠道消化不良。双歧杆菌具有缓解功能性肠道病的功能。

肠道菌群健康有助于肠炎恢复。补充活性双歧杆菌是调节肠道菌群、减轻肠炎症状的备选方案，被确定为辅助疗法或传统药物的替代疗法。肠炎患者肠道内菌群多样性降低，其中双歧杆菌等益生菌的丰度明显下降，而拟杆菌属中的致病菌丰度明显增加。双歧杆菌是人体肠道最重要的益生菌之一，可提高肠道中有益菌的丰度，抑制致病菌的生长。因此，补充双歧杆菌是一种有效辅助治疗肠炎的方式。

（2）双歧杆菌及其代谢物、产品对肠炎的缓解作用。双歧杆菌具有抗炎作用，通过改变肠道微生物群，就可以达到缓解炎症性肠病、调节氧化应激和炎症介质的目的；此外，肠炎引发的体重下降、肠上皮损伤、组织损伤等症状，也能通过摄入双歧杆菌得到明显改善。

调节性 T 淋巴细胞是预防和治疗结肠炎的重要调节因子，在双歧杆菌辅助缓解肠炎症状的过程中，发挥着重要作用。双歧杆菌可以通过调节淋巴细胞的比例，控制抗炎因子和促炎因子的表达。双歧杆菌主要通过调节促炎因子和抗炎因子的表达来缓解肠炎，还能减轻诱导性结肠炎。

2. 双歧杆菌可维护肠道的和平与秩序

双歧杆菌是一种益生菌，是肠道的"好邻居"，可维持肠道的和平与秩序。双歧杆菌在肠道中数量众多，最多的时候占肠道内细菌总量的 90% 以上，是肠道菌群中的重要成员。它们不仅数量众多，且作用巨大，是我们身体健康的守护神，无时无刻不在为我们的成长和健康保驾护航。如果没有双歧杆菌和其他肠道有益菌的共同维持，以及肠道自身的调节机制，肠道可能出现有害细菌增多、消化问题等频发的情况。反之，有了双歧杆菌，肠道环境往往能保持相对和谐，让我们能够更好地享受美食。同时，双歧杆菌不仅可以帮助我们消化食物，还能合成各种必需的维生素和氨基酸，让我们的身体得到充足的营养。

作为肠道微生物群中的关键成员，双歧杆菌对维持宿主健康发挥着不可替代的作用。它们通过多种机制对人体健康产生积极影响。

（1）肠道屏障的守护者。双歧杆菌可以与肠道上皮细胞紧密连接，形成物理屏障，防止病原体和有害物质的侵袭。

（2）免疫调节的能手。双歧杆菌及其后生元能够刺激肠道相关淋巴组织，促进有益免疫反应，增强宿主对感染的防御能力。

（3）营养合成的伙伴。双歧杆菌及其后生元参与合成维生素，尤其是维生素 K 和某些 B 族维生素，对骨骼健康和能量代谢至关重要。

（4）抗炎作用的执行者。双歧杆菌产生的代谢产物如短链脂肪酸，具有抗炎特性，有助于减少肠道炎症。

（5）病原抑制的战士。通过产生抗菌物质和占据生态位点，双歧杆菌能有效抑制病原微生物的生长和定植。

（6）代谢调节的助手。双歧杆菌及其后生元参与调控宿主的代谢途径，可预防肥胖、糖尿病等代谢性疾病。

双歧杆菌的这些作用凸显了它们在维护和促进人体健康中的重要性。因此，保持肠道中双歧杆菌的适宜数量和多样性的意义重大。我们应该通过饮食、生活方式的调整以及益生菌补充剂来优化双歧杆菌的定植。

3. 双歧杆菌对肠道病症的辅助治疗

（1）癌症。肠癌是消化道恶性肿瘤的一种。与预防大多数肿瘤相同，人们可通过一些预防措施避免患此疾病。在临床上，肠癌早期无症状或症状不明显，仅感不适、消化不良、大便潜血等。随着病情的发展，症状就会更多地体现为：大便习惯改变、腹痛、便血、腹部包块、肠梗阻等，伴或不伴贫血、发热和消瘦等症状。

作为一种重要的肠道有益菌，双歧杆菌有助于分解致癌物质，可以在一定程度上减少肠癌的发生概率。此外，双歧杆菌还有分解肠道腐败物质、促进肠道蠕动、预防腹泻和便秘、增强身体抵抗力的作用，有助于直接或者间接地减少肠癌的发生概率。

双歧杆菌及其代谢产物对其他癌症细胞的作用机理，主要表现在：双歧杆菌的后生元，目前认为比较突出的是壁磷酸、烟酰胺腺嘌呤二核苷酸、吡咯喹啉醌、乳酸等，通过肠绒毛膜进入血液，随血液循环迅速到达全身，通过修复免疫系统、染色体，帮助病人恢复自身的免疫能力；使免疫器官及细胞恢复正常功能，行使正常的生理活动。因此，在实践中，我们可以采用以双歧杆菌为核心的生物手段，通过生态的方法辅助癌症康复。

（2）溃疡性结肠炎。溃疡性结肠炎是一种临床上难以治愈且常见的多发病。多数学者认为，该病由多种因素共同作用，导致免疫系统过度反应。这些因素主要包括感染、免疫、遗传及精神心理因素。研究表明，在溃疡性结肠炎的形成过程中，肠道常驻菌群扮演了重要角色。正常情况下，直肠与结肠内细菌对肠黏膜免疫系统的成熟具有重要作用，还可以诱导肠上皮细胞内电解质的运输、营养以及微生物的保护等表达。

双歧杆菌可以抑制肠道革兰阴性菌的生长，在树突状细胞的作用下，还能引起通路阻滞，从而阻止转录活性。双歧杆菌通过以上两种途径，可以缓解肠道的炎症。

（3）便秘。双歧杆菌可用于治疗肠道菌群失调引起的便秘，对炎症或肠梗阻引起的便秘通常没有治疗效果。

饮食不当导致肠道菌群失调而引起腹泻或便秘，可服用双歧杆菌调整肠道菌群，达到止泻、缓解便秘的作用。如果是肠道炎症或肠梗阻等疾病引起的便秘，则需要在医生指导下服用其他药物进行治疗。

需要注意的是，双歧杆菌是一种活菌制剂，不能放置在高温处，以免药物性质发生变化。过敏体质者应谨慎使用双歧杆菌，以免引起不良反应。服用双歧杆菌期间，要清淡饮食，养成良好的卫生习惯。

（4）肠炎。双歧杆菌具有抗炎作用。补充双歧杆菌可以改变肠道微生物群，缓解炎症性肠病、调节氧化应激和炎症介质；对于肠炎引发的体质量下降、肠上皮损伤、组织损伤等症状，也能起到明显改善的作用，并能维持肠道的免疫耐受。

双歧杆菌对肠炎的缓解效果，主要是通过调节促炎因子和抗炎因子的表达来发挥作用，此外还能减轻 2，4，6- 三硝基本磺酸诱导的结肠炎。

4. 双歧杆菌与免疫系统的协作

作为肠道内的生理性细菌之一，双歧杆菌可以通过黏附和定植，与肠道上皮细胞紧密联系，形成生物学屏障，调节微生态平衡，促进宿主健康。免疫调节是其发挥这些作用的前提。有文献报道，双歧杆菌的多数生理功能可能与其所分泌的胞外多糖密切相关。作为生命物质的组成成分之一，多糖类化合物广泛参与了细胞的各种生命现象及生命过程的调节，但由于结构复杂，迄今人们对其功能还未认识清楚。

作为人体肠道微生物群中的优势菌种，双歧杆菌在维持肠道健康和促进人体健康方面发挥着不可替代的作用，不仅可以为肠道上皮细胞提供能量，还具有抗炎作用，有助于调节宿主的免疫反应。此外，双歧杆菌能够代谢产生酶、辅酶、多种维生素、多种必需氨基酸及小肽等，促进骨骼健康和血液凝固过程。它们还能通过竞争性排斥机制抑制病原微生物的定植，减少感染风险。因此，双歧杆菌在促进人体生长发育、维持机体健康及提高生活质量方面具有至关重要的作用。

（1）双歧杆菌的免疫功能。双歧杆菌菌体的脂多糖、肽聚糖、热休克蛋白及其分泌至菌体外的抗菌物质和胞外多糖等，能激活机体免疫细胞，调节和增强机体的免疫能力。目前，学界研究较多的是双歧杆菌菌体成分及分泌物的免疫作用。双歧杆菌的细菌裂解物和完整肽聚糖均有免疫调节作用。很多研究者都证实了双歧杆菌的细胞壁成分具有调节免疫的功效。

（2）调节肠黏膜免疫系统。研究者指出：分离人类肠道的不同双歧杆菌，在体外免疫应答方面具有明显的差异；双歧杆菌可通过产生乙酸，保护人类免受肠源性致病感染。

双歧杆菌在改善人类肠道健康和疾病方面的作用已被充分证明，也被广泛认为是能够预防和治疗慢性炎症的益生菌。双歧杆菌产生的乙酸，能改善上皮细胞介导的肠道防御，保护宿主免受致命感染。双歧杆菌有助于肠道慢性炎症的治疗，包括腹泻、炎症性肠病和坏死性小肠结肠炎等。

（3）双歧杆菌和结直肠癌。结直肠癌是一种世界性的健康问题，是最常见的肠道癌症。结直肠癌的发生主要受到遗传因素的影响，其次是环境因素。肠道菌群的长期紊乱和失调导致慢性炎症，可增加患结直肠癌的风险。

肠道腐败细菌，如拟杆菌、梭菌等可引起结直肠癌。双歧杆菌可以减少肠道中腐败菌的数量。研究表明，抗性淀粉和双歧杆菌的组合对致癌物有促凋亡作用。

此外，双歧杆菌细胞壁上的肽聚糖能刺激肠道免疫细胞，刺激宿主产生免疫抗体，增加巨噬细胞活性，增强机体的抗肿瘤能力。

（4）双歧杆菌和腹泻。轮状病毒可导致婴幼儿严重腹泻。研究证实，外源性补充双歧杆菌能有效预防和治疗严重腹泻后肠道菌群紊乱。每天补充低聚半乳糖或多聚果糖、短双歧杆菌等，可以对轮状病毒引起的腹泻产生显著的辅助治疗效果。

（5）双歧杆菌和坏死性小肠结肠炎。在早产儿中，坏死性小肠结肠炎是一种毁灭性的、不可预测的疾病。大约有 7% 的患儿体重不足 1500g。早产儿由于关键功能发育不成熟，特别是肠道蠕动、消化能力、循环调节、肠屏障功能和免疫防御的不成熟，而处于高危状态。

作为一种至关重要的益生菌，双歧杆菌已被广泛用于预防坏死性小肠结肠炎。多项临床试验证实，双歧杆菌可降低坏死性小肠结肠炎的发病率。摄入双歧杆菌可以增加肠道通透性，保护紧密连接蛋白 Claudin-4，降低坏死性小肠结肠炎的发生率。

（6）双歧杆菌和炎症性肠病。炎症性肠病可能是由遗传易感宿主的肠道微生物产生的异常免疫反应引起的，由克罗恩病和溃疡性结肠炎组成。炎症性肠病患者常出现肠道菌群失调。临床研究表明，双歧杆菌可减少炎症性肠病患者肠道的致病菌。也就是说，双歧杆菌可以作为炎症性肠病的生物标志物。因此，双歧杆菌可能是炎症性肠病的潜在有效抵抗者。

（三）双歧杆菌在消化中的角色

双歧杆菌是消化的超级助手，可以帮助人体分解食物，获取必要的营养。如果没有它们，吃下去的美食就可能无法转化成身体所需的能量和养分。

1. 双歧杆菌对消化的作用

双歧杆菌是具有特殊营养需求的厌氧菌，是人体健康的重要标志之一，能够在健康人的肠道内定植并在数量上占有一定的优势，具有一系列特殊的生理保健功能。

（1）维持正常的微生物群落。双歧杆菌不仅影响各种微生物的组成和数量，还可以产生乙酸、丁酸、丙酸等短链脂肪酸。短链脂肪酸参与体内重要的生理代谢过程，包括为结肠黏膜细胞提供主要能量来源、刺激水和电解质吸收、加强上皮细胞的增殖、影响肠道运动和其他生理作用。

（2）增强机体的免疫调控力。双歧杆菌可移位进入血液循环，被单核巨噬细胞吞噬，激活单核巨噬细胞系统，促进巨噬细胞的吞噬和杀菌作用，有助于宿主抵抗肠道病原菌感染。此外，双歧杆菌的后生元可以进入血液，随血液进入全身，激活并修复免疫系统。

（3）减少人体内的自由基。双歧杆菌能增加血液中超氧化物歧化酶的含量和活性，通过减少人体内自由基的氧化反应来减小对人体细胞的损伤，并增强机体的免疫调控能力。此外，双歧杆菌还能显著减少肠源性内毒素的生成或吸收，降低血液中的内毒素水平。

（4）阻止致病菌的入侵。双歧杆菌可分泌多种与黏附相关的蛋白，使自身的黏附性强于致病菌，竞争性地黏附于肠上皮细胞来阻止致病菌的入侵；产生细胞外糖苷酶，降解肠黏膜上皮细胞上能作为致病菌和内毒素受体的多糖，阻止病原菌对肠上皮细胞的黏附作用；诱导产生分泌型免疫球蛋白，致使细菌对肠黏膜上皮吸附、穿透能力减弱，从而阻止致病菌定植。同时，分泌型免疫球蛋白还能直接杀灭肠道内的细菌，减少肠道细菌移位数量，抑制病原体的生长。

2. 双歧杆菌可有效改善消化问题

作为一种优良的益生菌，双歧杆菌是现今国内外研究最热门的益生菌制剂之一。

1）腹泻

（1）急慢性腹泻。持续时间在3周以内的腹泻是急性腹泻，3周以上为慢性腹泻，常伴有菌群失调等现象，而菌群失调又会进一步加重腹泻。益生菌能够有效降低新生儿和儿童腹泻的风险；婴儿双歧杆菌对轮状病毒感染引起的腹泻具有一定疗效，因为其可以在一定程度上抑制体外轮状病毒复制并保护细胞免受病毒感染。

（2）抗生素相关性腹泻。抗生素（尤其是广谱抗生素）在杀灭病原菌的同时也会破坏肠道的微生态系统，引起肠道菌群失调，从而影响肠道消化吸收等正常的生理功能。双歧杆菌制剂可以降低婴儿抗生素相关性腹泻的发生率或减轻其发病症状，并重建正常的微生物菌群。

（3）肿瘤化疗相关性腹泻。双歧杆菌能够改善微生态环境，调整菌群失调，增强免疫力，对肿瘤化疗相关性腹泻有一定的预防作用。双歧杆菌三联活菌胶囊能够降低血清内毒素和D-乳酸水平，临床治疗效果良好。

（4）乳糜泻。①由小麦谷蛋白或大麦和黑麦中发现的其他类似的蛋白质在遗传易感个体中诱导产生，典型特征是小肠黏膜萎缩和吸收不良，症状包括腹胀、体重减轻和慢性腹泻。②配方奶喂养的婴儿肠道内双歧杆菌减少，具有更高的乳糜泻风险；而母乳喂养则能促进双歧杆菌属细菌的定植，通过平衡复杂的肠道微生物菌群来减少婴儿乳糜泻的发生。双歧杆菌能够抑制并部分地抵抗肠上皮细胞系中麦醇溶蛋白所诱导的损伤。

2）便秘。一旦肠道微生物群紊乱，且伴有大量的病原体，就会产生亚硝酸胺、苯酚和偶氮苯等致癌物质，进一步危害人体健康。肠道中的双歧杆菌可以促进肠道蠕动、排泄粪便，从而减轻便秘。

3）坏死性小肠结肠炎。早产、喂养方式不当、细菌定植不当以及三种因素协同作用均会增加坏死性小肠结肠炎的患病风险。临床试验表明，接受益生菌补充的新生儿的坏死性小肠结肠炎发病率降低；出生体重低的婴儿食用短双歧杆菌菌株，可促进丁酸的产生，保护其免受坏死性小肠结肠炎之苦。

4）婴儿肠绞痛。肠绞痛是婴儿出生后前几个月常见的病症。10%~30%的婴儿会受到这种疾病的影响。该病常发生在夜间，多见于3个月以内的易兴奋激动的、烦躁不安的婴儿。目前，已有3种短双歧杆菌菌株和1种长双歧杆菌亚种可作为治疗新生儿婴儿肠绞痛的潜在益生菌。

5）炎症性肠道疾病。宿主肠道微生物群免疫应答失调，会引发小肠和结肠的慢性炎症。患者粪便中的细菌类型出现缺失或过多，表现为乳酸菌和双歧杆菌数量减少，而结肠中大肠埃希菌和类杆菌数量增加。补充双歧杆菌有助于降低疾病的严重程度。

6）肠易激综合征。这是一种功能性肠病，特征是慢性腹痛、腹胀和排便习惯改变。其中，腹泻或便秘可能占主导地位或交替进行。实际上，肠易激综合征多发生在感染后，且与肠道微生物群的紊乱有关。

（1）两歧双歧杆菌能够缓解肠易激综合征症状，减轻患者的疼痛。

（2）双歧杆菌四联活菌片可以治疗腹泻型肠易激综合征，且持久性和安全性较好。

7）肝硬化。肝硬化的主要表现为双歧杆菌等有益菌减少，而肠杆菌、大肠埃希菌等有害菌增多。这种菌群失衡还易出现细菌移位现象，并引发内毒素血症，使病情加重，出现自发性细菌性腹膜炎、肝性脑病等并发症。

使用双歧杆菌治疗后，患者的症状、肝功能指标改善率均高于对照组。此外，双歧杆菌四联活菌对肝硬化腹泻患者的疗效显著，能够增强机体的免疫功能，从而辅助治疗。

8）胃溃疡。胃溃疡与幽门螺杆菌的关系密切。95%以上的胃溃疡是由幽门螺杆菌感染引起的，且幽门螺杆菌感染会破坏胃黏膜的防御屏障，导致肠道微生物群失衡。因此，根除幽门螺杆菌是治疗和预防胃溃疡的基本措施。两歧双歧杆菌可通过产生乳酸、乙酸来抑制幽门螺杆菌。

（四）双歧杆菌的抗病能力

双歧杆菌能调节我们的免疫系统，增强我们的抵抗力。双歧杆菌的抗病能力主要体现以下几个方面。

1. 阻挡病原

虽然我们无法直接看到自己的肠道，但根据数据我们可以得知：肠道里生活着数以百万计的细菌，重量约有 1kg；粪便湿重的一半主要由细菌构成。如果身体处于健康状态，双歧杆菌在肠道中会占据主导地位。我们体内的双歧杆菌究竟有多少呢？答案是数量极其庞大！

这些双歧杆菌密密麻麻地分布在肠道黏膜、褶皱里、绒毛上，使原有的有害菌被压制，不能接近黏膜。

2. 增加抗体

抗体是球蛋白，也就是免疫分子。

3. 增加免疫细胞

作为一种优势菌群，双歧杆菌死亡后，菌体会自行分解，然后被黏膜上、褶皱上、绒毛上的毛细淋巴管吸收。这些组织随后被输送到淋巴，最后被淋巴细胞吸收，从而加快淋巴细胞的分裂。淋巴细胞是另一种免疫细胞。

4. 改善肝功能

研究发现，双歧杆菌可以降低肠黏膜通透性，避免产生肠菌移位和内毒素血症，保护肝功能；双歧杆菌还能抑制肠道腐败菌和产尿素酶细菌的生长，降低肝炎、肝硬化和肝昏迷患者血液中的内毒素水平，改善肝脏功能；同时产生游离脂肪酸，降低肠内 pH 值，并结合氨使其变为难吸收的状态，减少对肝脏的损害。

5. 降低血清胆固醇

双歧杆菌菌体及菌体代谢产物能够吸收和降解胆固醇物质，不仅能减少肠管对胆固醇的吸收，还能促进胆固醇转变为胆酸盐，加速胆固醇排出体外。很多研究者通过实验发现，双歧杆菌的降胆固醇作用与胆汁酸盐共沉淀和菌体同化胆固醇有关。

6. 治疗多种疾病

双歧杆菌在人体肠道内发酵后可产生乳酸和醋酸，提高钙、磷、铁的利用率。同时，其可以用于治疗慢性腹泻、治疗便秘、保护肝脏、防治心血管疾病。

随着年龄的增长，机体内的双歧杆菌会逐渐减少甚至消失。当双歧杆菌减少后，体内有害细菌就会大量繁殖，从而引发多种疾病。这时只有设法增加肠道中双歧杆菌的数量，才能缓解这一问题。补充双歧杆菌能控制由有害菌引起的异常发酵，刺激肠蠕动，减少水分的过度吸收，缓解便秘症状；还可以复活机体的免疫功能、调节内分泌等。比如，双歧杆菌可以结合黄曲霉素，降低黄曲霉素对人体的伤害；双歧杆菌可以吸附烟熏肉或油炸食品诱变原，保护机体细胞免受这些致癌物质的伤害；双歧杆菌可以调整肠道菌群，抑制肠道许多腐败菌的生长，减少致癌物质产生，降低消化道癌症的发生率；双歧杆菌可以抑制肠道产生有害菌，对肝病患者起到良好的治疗作用。

此外，人体血液中的胆固醇含量过高会导致动脉粥样硬化和高血压。双歧杆菌等有益菌可以影响胆固醇的代谢，将其转化为人体不吸收的类固醇，从而降低血液中胆固醇的浓度。

（五）双歧杆菌和肝脏

1. 肝脏与肠道菌群的关系

肝脏是人体最大的免疫器官之一，能够分解代谢体内的毒性物质，阻止细菌代谢产物进入人体循环。

肠道菌群失调的后果并不仅仅是出现肠道疾病，还可能影响到其他脏器，其中首当其冲的就是肝脏。非酒精性脂肪性肝病、非酒精性脂肪性肝炎、酒精性肝病和肝硬化等肝脏疾病都与肠道的微生物失衡，即菌群失调有关。

肝脏血液来自经过消化系统的门静脉。肝脏的功能状态与肠道微生态系统的平衡息息相关。正常情况下，来自肠道中的各种毒素（包括内毒素、氨、吲哚、酚类、短链脂肪酸、假性神经递质前体等）需要由肝脏清除。同时，肝脏还能清除肠源性细菌、真菌等。

肝功能一旦受损，肠道微生态就会发生显著变化，进而损坏肠道的屏障功能。一旦肠道细菌及其代谢产物大量易位进入肠外器官，过度激活机体免疫系统，就会引起异常免疫反应，导致肝细胞凋亡、坏死。

肠道菌群中的双歧杆菌可以产生 B 族维生素，参与肝细胞的蛋白质代谢，从而提高肝脏的代谢能力。同时，肠道双歧杆菌还能通过其酸性代谢产物减少氨的产生，并可用氨作为氮源，减轻肝脏的解毒负荷，改善肝功能受损情况。

可见，双歧杆菌不仅可以通过产生有益物质帮助肝脏工作，还能分解肠道中的有害物质，减轻肝脏负担，从而达到保护肝脏的目的。同样，如果肠道菌群失调，就会进入恶性循环。

2. 双歧杆菌的护肝原理

人体肠道中的有害菌通过产生并释放毒素进入血液，进而损伤肝脏。双歧杆菌可以减少产生毒素的有害菌数量，从而对肝病患者起到良好的治疗作用。其作用机理如下。

（1）调节肠道菌群平衡。肠道与肝脏之间存在密切的联系。肠道健康直接影响到肝脏功能。双歧杆菌能够抑制有害菌的生长，维护肠道微生态平衡，从而减轻肝脏负担。

（2）增强肝脏的解毒功能。双歧杆菌能够分解并排出体内的有害物质，如重金属、药物残留等，从而减轻肝脏解毒负担，保护肝脏免受损伤。

（3）减轻肝脏炎症。双歧杆菌能够调节免疫系统，减轻肝脏炎症，降低肝脏疾病的发生风险。

（4）抑制有害细菌生长。双歧杆菌能够合成各种消化酶，参与食物的消化、吸收，同时抑制肝脏中有害细菌的过度生长，减少有害细菌引起的肝脏炎症。

（5）抗菌作用。双歧杆菌具有强大的抗菌作用，能够保持肠道的酸性环境，减少有害菌的繁殖，促进肝脏健康。

（6）促进肠道蠕动。双歧杆菌能促进肠道蠕动，加速有害物质的排出，有助于保护肝脏免受损伤。

3. 双歧杆菌可减轻肝脏问题

人体内肠道的有害菌产生并释放的毒素进入血液中，会直接伤害肝脏。双歧杆菌可以使血液中的内毒素水平下降，从而达到保护肝脏的目的。

（1）免疫性肝损伤。免疫性肝损伤是一种由诸多异常因素综合引起的机体免疫功能紊乱，以肝脏病变为主要临床表现，并伴随多种特异性自身抗体的产生。此外，研究已经证实，病毒性肝炎中肝细胞坏死的机制也与病毒诱导的自身免疫应答反应有关。目前，该类疾病的主要治疗方式是应用免疫抑制剂重新调整机体免疫功能，但副作用较大。

细菌脂磷壁酸是双歧杆菌发挥生物学功能的重要物质基础，可以激活巨噬细胞、B淋巴细胞（简称B细胞）和NK细胞（自然杀伤细胞，是一种强大的免疫细胞，可以保护我们免受病毒和癌症的侵害），调节机体的免疫功能；此外，还能激活肠黏膜的派尔集合淋巴结，增强局部黏膜的免疫功能。

（2）辅助治疗肝硬化。肝硬化病程发展呈不可逆趋势，目前临床上尚无特效疗法。一旦进入晚期，肝功能会恶化，并伴有消化道出血、肝性脑病、自发性腹膜炎、肝癌等并发症。如果肝硬化患者出现内毒素血症，就会加深肝脏损伤，形成恶性循环；在肝脏疾病中，肠道细菌可易位至空肠，产生内毒素并释放尿素酶，过多地分解尿素生成氨，使血氨上升，进而引起肝性脑病。

作为肠道内的优势菌，双歧杆菌能抑制致病菌的入侵、繁殖和易位，减少肠道中内毒素、尿素酶的含量，使血液中内毒素和氨含量下降，从而减轻内毒素、血氨等对机体内脏系统的损害，保护肝细胞。同时，双歧杆菌还能促进肠道内毒素和氨的排泄，增强机体的免疫力……可见，双歧杆菌确实是肝硬化辅助治疗的良好药物。

（3）促进肝癌患者术后肝功能恢复。肝细胞癌约占原发性肝癌病例的90%，是癌症死亡的第三大原因。根据欧洲肝脏研究协会的临床实践和中国肝癌分期，手术切除是早期和部分中期肝残余功能充足的肝细胞癌患者可用的治疗方法。

经过严格筛选的肝细胞癌患者，肝切除术后并发症比较少，因手术期死亡率低，且长期生存率高。然而，术后肝功能恢复仍然是一个挑战。研究表明，许多因素都会影响术后肝功能恢复，包括术前肝储备功能、残余肝脏体积和潜在的肝脏疾病，如病毒性肝炎、脂肪变性、纤维化和药物性肝损伤。术后肝功能的快速恢复是保障手术安全的重要前提。因此，鉴别并验证促进肝癌术后患者肝功能恢复的核心因素，具有重要的临床意义。

（六）双歧杆菌与情绪的奇妙联系

肠道会影响情绪。这句话听起来有些莫名其妙，却有一定的科学依据。

双歧杆菌有一个令人意想不到的作用——它们能够影响心情，甚至能通过"脑－肠轴"与情绪中枢沟通，让我们保持愉快的心情。

双歧杆菌与情绪之间是怎样产生联系的呢？研究发现，二者之间的联系基于菌群—肠—脑这一机制。该机制主要由神经内分泌、迷走神经和免疫途径组成，可以实现肠与脑之间的信息交流。同时，正是因为菌群—肠—脑这一机制的存在，双歧杆菌才能参与调控脑发育、应激反应、焦虑、抑郁、认知功能等中枢神经系统活动。

1.情绪与双歧杆菌的微妙联结

近年来的研究发现，双歧杆菌与大脑存在关系。不少人有过临场综合征的体验：他们在上台讲话前会突然感到胃部翻腾、恶心不适，或者会因为一场即将来临的面试而感到腹部阵阵绞痛。另外，有些人服用了抗抑郁药物后，也会产生肠胃反应……

那么，肠道和情绪是如何产生联系的？这就要从"脑－肠轴"这条连接肠道和大脑的"情绪专线"说起了。简单地说，肠神经系统和脑神经系统，每时每刻都在进行信息交流。从这个意义上讲，"脑－肠轴"就是将大脑和肠道连接在一起的神经化学通道。这个通道是双向的。大脑和肠道可以互相影响。精神刺激、情绪波动可诱发大脑功能状态的改变，进而通过神经系统、内分泌系统和免疫系统引起肠道黏膜炎症、肠道运动紊乱和过度敏感，从而加剧肠道的临床症状。而反过来，肠道的功能状态改变，也会通过神经系统和血液循环系统影响大脑功能，引发精神、心理及情绪的波动。因此，双方工作不协调，或一方出现问题，都会导致"脑－肠轴"失衡，进而引发健康问题。

例如，当焦虑抑郁、紧张恐惧等不良情绪传输到大脑时，会产生神经冲动，通过"脑－肠轴"将信息传输到肠道，影响肠道的蠕动、分泌功能，使肠道发生痉挛或动力不足、胃酸分泌增多或减少，引发胃胀胃痛、打嗝嗳气、恶心呕吐、食欲不振、反酸、腹鸣腹泻、胃食管反流、消化性溃疡、肠易激综合征等症状。这就是有些人经常会说"气饱了""气得胃痛"的原因。

2.肠道健康与抑郁

抑郁症是一种常见的精神障碍，以显著而持久的心境低落为主要临床特征。轻者会感到情绪消沉、闷闷不乐、悲痛欲绝、自卑抑郁、悲观厌世，甚至还会出现自杀企图或行为；严重者可出现幻觉、妄想等症状。

作为益生菌中的一类，双歧杆菌有利于调节宿主的抑郁情绪。双歧杆菌可通过神经内分泌、免疫和神经递质等途径发挥良好的抗抑郁作用。其与传统的抗抑郁药相比，副作用更小，服药耻辱感更小。

（1）双歧杆菌可以改善单胺递质系统稳态，发挥抗抑郁作用。在抑郁症的病因中，单胺递质系统功能紊乱是目前研究最广泛和最深入的领域之一，其中 5- 羟色胺被认为与抑郁症的关系最密切。5- 羟色胺是帮助机体调节情绪、睡眠和食欲的神经递质，是强力的情绪稳定剂，其合成始于色氨酸转化为 5- 羟基色氨酸，后者进而转化为 5- 羟色胺。色氨酸羟化酶 1 和色氨酸羟化酶 2 作为 5- 羟色胺合成的关键限速酶，分别调控 5- 羟色胺在外周和大脑中的合成。

作为必需氨基酸，色氨酸主要依赖于外源的食物摄入，且人体内 90％ 的 5- 羟色胺与 5- 羟基色氨酸主要源于肠道嗜铬细胞，而外周 5- 羟色胺无法穿透血脑屏障。因此，肠道在 5- 羟色胺合成中起到重要作用。

双歧杆菌作为重要的神经递质促进剂，可通过产生 5- 羟基色氨酸等在内的各种神经递质，发挥抗抑郁作用；通过上调肠道中色氨酸羟化酶 1 的表达，增加 5- 羟基色氨酸的合成，从而促进脑内 5- 羟色胺的合成，发挥抗抑郁作用。

（2）双歧杆菌可以改善免疫系统稳态，发挥抗抑郁作用。神经免疫途径在大脑发育中至关重要，不仅可以通过支持神经元完整性、神经发生和突触重塑来调节大脑的功能，还可通过影响神经回路和神经递质系统发挥改变行为的作用。长期暴露于升高的炎性细胞因子的环境中，机体就可能出现严重的神经精神功能障碍。

在炎症反应中，细胞因子白细胞介素 - 6 处于中心地位。白细胞介素 - 6 是细胞因子风暴相关疾病中严重程度与预后指标的生物标志物，由活化的 T 细胞和巨噬细胞分泌，并参与调节免疫应答、急性期反应及造血功能。许多研究都称，白细胞介素 - 6 水平的升高与抑郁症的不良预后和病程加重有关。

双歧杆菌具有抗炎作用，可以潜在地改善抑郁症状。比如，青春双歧杆菌 NK98 可以有效抑制脂多糖诱导的 BV-2 细胞中的 NF-κB 活化，抑制其通过离子钙接头蛋白 IBA-1+ 细胞 和 LPS+/CD11b+ 细胞（活化的小胶质细胞）向海马的浸润，降低血液中的皮质酮、白细胞介素 - 6 和脂多糖水平，改善焦虑抑郁行为。可见，双歧杆菌可以通过降低白细胞介素 - 6 的水平起到一定的抗抑郁作用。

3. 肠道菌群与身心健康

众所周知，肠道微生物群在消化系统健康中起着重要作用。过去，科学家相信大脑控制着一切。然而，越来越多的研究表明，生活在肠道中的微生物群在免疫系统、皮肤健康和心脏健康，甚至在肠道与中枢神经系统的双向交流中发挥着巨大作用。

肠道和大脑通过神经、炎症和激素信号通路不断地进行双向交流。肠道微生物完全可以通过神经免疫、神经内分泌途径及神经系统影响大脑功能。

人体的肠道内大约有 10 万亿个细菌。这些细菌构成了一个生态系统，对大脑功能起着重要的调节作用。同时，大脑也通过神经免疫、神经内分泌及神经系统与肠道细菌相互作用。这种双向通信系统通常也被称为"脑 – 肠 – 微生物群"轴。

通过此种交流机制，来自大脑的特定信号可以影响肠道中的生理效应，而来自肠道的信息或信号可以影响大脑在反射调节和情绪状态方面的功能。比如，不同的菌群对食物存在不一样的偏好，每天吃碳水化合物而不吃蔬菜，体内喜欢碳水化合物的菌群就会越来越多。喜欢碳水化合物的菌群越多，我们就会对这类食物越渴望。

还有科学研究表明，肠道中的微生物能分泌大量用于情绪调节的神经递质，还能分泌多种让人情绪愉快的激素。事实上，人体 90% 的血清素、90% 的神经递质 5– 羟色胺，以及 50% 的多巴胺都是在肠道中产生的，而 5– 羟色胺是维持情绪健康的重要激素。

所以，肠道菌群在很大程度上决定了我们的精神状态。我们完全可以通过改变饮食来调整肠道菌群。

4. 可能影响人的情绪的双歧杆菌

（1）长双歧杆菌。长双歧杆菌可调节迷走神经张力，减少焦虑症状。在人体内及时补充长双歧杆菌，可能也会发生类似的肠—迷走神经—脑的神经支配现象。补充长双歧杆菌不仅有助于改善情绪，还能减少焦虑。

（2）动物双歧杆菌。动物双歧杆菌的治疗潜力，不仅仅局限于肠易激综合征，也能作为一种抗氧化剂减少氧化应激反应，降低单胺氧化酶的酶活性。这种抗氧化性有助于抑制或减少由于氧化应激引起的神经炎症，进而减轻焦虑和抑郁症状。

（3）婴儿双歧杆菌。初步证据表明，婴儿双歧杆菌可以提高免疫功能、减少炎症反应、对抗应激相关的神经变化。

（4）短双歧杆菌。短双歧杆菌与其他潜在的有害细菌相互竞争，其作用机制相当独特。缺乏短双歧杆菌，可能导致肠道菌群的异常发育，对健康产生有害影响，甚至可能影响整个生命周期。

总之，双歧杆菌就像是体内的超级英雄团队，在肠道里默默守护着你的健康。当你感到身体不适或情绪低落时，一定要记住，肠道里有一支强大的双歧杆菌军团在为你提供支持。

第六章　双歧杆菌的应用场景

双歧杆菌属是人和动物肠道的核心菌群和有益生理菌群。微生态学家把双歧杆菌的数量称为健康指数。

大量的科学实验已经证明，双歧杆菌具有多种促进健康和预防疾病的保健作用，比如维持肠道菌群平衡、增强免疫力、控制内毒素产生、降低血清胆固醇、延缓机体衰老及促进维生素代谢等，被广泛应用于乳制品和微生态制剂生产中。含双歧杆菌的功能性食品已成为当前许多国家优先研究和发展的领域，有利于调整微生态平衡，预防肠道疾病，促进人体健康。

一、双歧杆菌在人体中的旅程

下面，我们就来介绍一下双歧杆菌从进入身体到最终告别的全过程。

首先，双歧杆菌的冒险从嘴唇开始。双歧杆菌在穿越有氧的口腔和食道时，会面临氧气环境的首次考验。双歧杆菌穿越有氧的口腔和食道，就像在高空中走钢丝，既刺激又危险。

接着，进入胃部。胃部营造了一个酸性环境。胃酸的强酸性对多数微生物来说都是致命的，但是，双歧杆菌有着超强的生命力和适应能力，在这个酸性的"温泉"里，虽然充满刺激，有点惊心动魄，但它依然能够坚持下来。

然后，进入肠道。对于双歧杆菌来说，肠道像是一个温暖的家。碱性环境为双歧杆菌提供了适宜的生长条件。双歧杆菌找到自己的位置，建立起一个个繁荣的双歧杆菌"社区"。它们通过代谢活动，产生有益的代谢产物，如短链脂肪酸等。

随着时间的推移，一些双歧杆菌会因各种原因衰老、死亡，最终随肠道内容物排出体外。不过，这不是结束，而是一个新的开始。它们离去后，就能给新的双歧杆菌让出位置，以便继续维护肠道的健康。

这个过程不仅展现了双歧杆菌对环境的适应能力，也反映了肠道微生物群与宿主之间的复杂作用。维持肠道内双歧杆菌的健康平衡，对促进整体健康至关重要。

二、双歧杆菌对宝宝的守护

（一）活双歧杆菌是宝宝赢在健康起跑线上的秘密武器

双歧杆菌会在宝宝的肠道里辛勤工作，有助于提高宝宝的免疫力，进而提高身体素质。此外，活双歧杆菌还在性格、智力和潜力开发等方面发挥着重要作用。肠道健康的小宝宝，不仅吃得好、睡得香，还能更快地学习新事物，开朗地面对世界。

双歧杆菌作为肠道微生态中的关键成员，对婴儿的免疫系统发展、营养吸收和抗感染能力具有重要作用。早期的肠道菌群构成不仅影响着体格成长，也可能与神经系统的发育和认知功能的形成相关联。

补充适量的双歧杆菌有助于建立多样化和平衡的肠道微生物群，促进婴儿的性格形成、智力发展和潜能挖掘，为婴儿的生理和心理发展提供一个良好的起点，为未来的健康成长奠定坚实的基础。

（二）缺少双歧杆菌的危害

双歧杆菌作为主要的肠道微生物之一，在维持健康的肠道功能方面起到了重要的作用。在养护宝宝的过程中，我们应该合理规范地使用抗生素，在无临床指征的情况下尽量自然分娩，至少在婴儿生命的最初 6 个月进行纯母乳喂养。如果没有办法母乳喂养或母乳摄入不足，可以适量给宝宝补充含有双歧杆菌的益生菌补充剂。

新生宝宝的肠胃格外娇嫩，如缺少双歧杆菌，约 50% 的 0~1 岁宝宝会出现以下几种不适的症状。

1. 便便异常

便秘、腹泻是便便异常的最常见症状。无论宝宝是母乳喂养还是配方奶喂养，都可能会出现肠胃不适等问题。宝宝出生后，免疫系统发育不成熟。除母乳蛋白外，免疫系统会把部分动物蛋白和植物蛋白当成异种蛋白。这些蛋白质通常分子量比较大，容易刺激宝宝的免疫系统，使宝宝产生胀气、腹痛、腹泻等症状。

2. 湿疹

湿疹是许多 1 岁以内的宝宝随时都可能遇到的麻烦。其实，遇到这种情况无须太过担心，只要了解其中的秘密，问题就能迎刃而解。湿疹是一种过敏性疾病，与喝牛奶上火关系不大，主要是因为宝宝对牛奶蛋白不耐受。所以有家族过敏史的宝宝，有可能成为乳蛋白过敏高风险婴儿，容易触发过敏湿疹。

3. 睡眠

不少妈妈认为宝宝身体缺钙才会哭闹、睡不踏实。事实上，缺钙是宝宝睡不好的一个原因，更重要的原因可能是肠胀气。这一点是很多妈妈经常会忽略的。宝宝对乳糖不耐受，就容易出现肠胀气。这与宝宝的消化功能不完善有关。新生宝宝的消化功能还不够完善，自然就会不定期地出现肠胀气的状况。

双歧杆菌有助于解决小儿便秘、腹泻、消化不良、挑食、厌食、肥胖等问题。

三、双歧杆菌，让疾病离我们越来越远

（一）双歧杆菌与肿瘤

肿瘤的发生是多种因素共同作用的结果，涉及遗传、环境、生活习惯、心理状态以及生理机能的异常。生理和心理上的长期异常可能导致组织器官功能的紊乱，进而促进肿瘤的生成和发展。近年来，肠道微生态与肿瘤相关性的研究不断涌现，并逐渐成为科研热点。这些研究结果显示肠道菌群可能通过多种机制影响宿主的免疫状态和疾病进程。

补充适量的双歧杆菌，有助于增加肠道内双歧杆菌的数量，提高肠道内有益菌群的比例，促进肠道微生态的平衡。双歧杆菌等有益菌群产生的活性成分，如短链脂肪酸，可以调节宿主的免疫反应。此外，有益菌群还能通过增强肠道屏障功能、促进营养物质的吸收和利用，提高细胞组织的修复能力，辅助身体恢复自愈力。

不过，肿瘤治疗是一个复杂的过程，涉及手术、化疗、放疗等多种治疗手段。补充适量的活双歧杆菌确实对肿瘤治疗起到了很好的辅助作用。在实施补充益生菌的计划之前，建议咨询专业人员，并结合实际情况，采用全面综合的医疗方案，通过科学的生活方式和医疗干预，最大化地发挥身体自愈的潜力，促进身体的健康。

（二）双歧杆菌与糖尿病

近年来，人们已经认识到免疫系统在代谢性疾病中扮演着重要的角色。研究发现，2 型糖尿病、肥胖患者长期处于慢性低度炎症状态。这种状态促进了疾病的发生和发展。而肠道微生物的产物脂多糖，是低水平炎症的分子起源。研究显示，肥胖及 2 型糖尿病患者的肠道菌群会发生改变，导致血液及组织中的脂多糖水平升高，达到正常人的 2~3 倍。

1. 双歧杆菌改善慢性低度炎症

作为肠道中发挥积极作用的肠道菌群之一，双歧杆菌能有效维护肠道屏障功能，减少细菌移位，改善代谢性内毒素血症、低水平慢性炎症。

研究发现，高脂饮食会导致肠道菌群失调，肠道双歧杆菌数量减少，血脂多糖水平显著升高。补充寡糖制剂，可使肠道双歧杆菌的数量恢复，降低血脂多糖及相关炎性标志物水平，改善高脂饮食介导的内毒素血症；而且，双歧杆菌的数量与脂多糖水平呈负相关。

研究还显示，在高糖饮食诱导的糖尿病初期，肠腔黏附的革兰阴性杆菌会明显增多，并被肠腔黏膜树突细胞所吞噬，迁移到代谢活跃的脂肪组织和血液中，以活菌的状态诱导低水平炎症的发生。经过 6 周的双歧杆菌制剂治疗，小肠中的大肠杆菌的数量会明显减少，从而减少了细菌的黏膜附着和移位，进而有效逆转高脂饮食诱导的低度炎症状态，改善葡萄糖耐受性和高胰岛素血症，最终提升胰岛素的敏感性。这就告诉我们，双歧杆菌能阻止细菌的移位和黏附，有效改善高脂膳食诱导的胰岛素抵抗和 2 型糖尿病。另外，补充青春双歧杆菌能够改善代谢综合征患者内脏脂肪的堆积，提高胰岛素的敏感性。

可见，现代高脂饮食及活动减少的生活方式，会导致 2 型糖尿病的流行。双歧杆菌可以抵抗高脂饮食带来的危害，阻碍 2 型糖尿病的发生和发展。

2. 双歧杆菌与肠道屏障功能相互补充

双歧杆菌制剂可以改变菌群结构，提高肠道中双歧杆菌的数量，改善代谢性内毒素血症、减轻慢性炎症状态。尽管其具体机制目前并不完全清楚，但越来越多的研究显示：

（1）双歧杆菌可以维持正常的肠道屏障功能。补充适量的双歧杆菌有助于稳定肠道微生态，增强肠道屏障功能，从而减少细菌移位。

（2）双歧杆菌为主的肠道菌群结构，能增加肠道短链脂肪酸水平，使肠腔的黏膜层增厚，减少肠上皮细胞的凋亡，恢复小肠的完整性，维护正常的屏障功能。

（3）恢复肠道双歧杆菌的数量能够使 RegI 基因的表达增加，增加胰岛素敏感性，改善代谢性内毒素血症。RegI 被认为是细胞生长的调控因子，能够维持小肠的正常绒毛结构，降低肠道渗透压，改善肠道屏障功能。

（4）补充双歧杆菌能提高内源性胰高血糖素样肽 –2 的水平。胰高血糖素样肽 –2 与肠的生长及适应性相关，能促进肠道细胞增殖，抑制细胞凋亡，促进绒毛生长，从而改善肠道屏障功能。

总之，补充肠道双歧杆菌可以改善肠道屏障功能，减少肠道细菌移位、降低血脂多糖水平，改善代谢性内毒素血症，从而影响 2 型糖尿病的发生和发展。

3. 双歧杆菌对 2 型糖尿病的其他影响

什么是 2 型糖尿病？该病症源于胰岛素抵抗、胰岛素分泌相对不足。

随着生活水平的提高，我们从食物中获取的营养物质越来越丰富，比如糖分、蛋白质、脂肪等越来越多，所以现代人的细胞往往处于营养过剩的状态。因为细胞对营养物质的容纳有一定的限度，一旦细胞内的营养物质积累到一定程度，即使胰岛素再多，也无法让更多的血糖进入细胞进行合成代谢。这就叫作胰岛素相对不足，并不是真正的缺少胰岛素。这种相对不足，就是我们通常所说的 2 型糖尿病。2 型糖尿病是目前糖尿病患者的主体，占了所有糖尿病患者的 90% 以上。

双歧杆菌能够改善代谢性内毒素血症和炎症状态，影响 2 型糖尿病的发生和发展。相关研究还显示，补充青春双歧杆菌能够增加胰岛 B 细胞免疫组织化学 Bel-2 蛋白的表达，下调胰岛细胞凋亡因子 Pax 的表达，从而保护胰岛 B 细胞，避免凋亡的发生，降低胰岛内炎症反应，减少胰岛 B 细胞特异性破坏，减轻胰岛的损伤程度，降低糖尿病的发病率。

此外，补充双歧杆菌还可能间接刺激胰高血糖素样肽 -1 的分泌，增加肠道 SCFA 水平，提高共轭亚麻酸在肠道、肝脏及脂肪的水平，有效增加共轭亚麻酸的主要生物活性物 cis-9.trans-11 的生成。而共轭亚麻酸及其活性产物能刺激肠道 L 细胞分泌胰高血糖素样肽 -1，抑制食欲、减轻体重、改善糖代谢等。

（三）长双歧杆菌与肥胖

肥胖是全球性的公共健康问题。肥胖与许多慢性疾病有关，如冠心病、动脉粥样硬化、高血压等。事实证明，肥胖患者发生心力衰竭、心肌梗死的风险是健康人的 1.5~5 倍。

减肥药物的作用原理以消化吸收阻滞剂为主，如奥利司他等。奥利司他是一种非中枢作用减肥药，是特异性肠道脂肪酶抑制剂，能抑制体内摄入的甘油三酯水解，减少胆固醇的吸收。但这类减肥药有很多不良反应，不建议长期使用。临床上经常使用的减肥药物，多数都是治疗高血脂的西药，可使血脂集中在肝脏代谢，减少脂肪聚集，却会增加肝脏负担，达不到有效的治疗目的。

《中国微生态学杂志》上发表的研究结果证明，肥胖者的肠道菌群组成与健康人群不同，最大的区别是双歧杆菌的数量减少。近年来，肥胖及相关的代谢性疾病已成为威胁全球的公共健康问题。长双歧杆菌能有效改善脂类代谢，降低血脂和胆固醇。

双歧杆菌和乳酸杆菌是人体肠道内重要的生理性细菌，对宿主发挥调节微生态平衡、抗病、改善代谢状况等多种生理作用。两者的作用虽有相似点，却不尽相同。

肥胖等环境因素对益生菌的分布、定植有一定的影响，且肥胖对双歧杆菌的影响较乳酸杆菌明显。其产生的机制可能为多方面的：一方面，肥胖个体的肠内细菌过度生长，可以产生和代谢乙醇；另一方面，肥胖改变了肠的运动性，改变了肠道菌群的结构和组成。

以上说明，不同的益生菌在肠道分布、定植及排出情况不同，具备固有特性，这与其生理功能密切相关；同菌株在不同的肠道环境分布、定植及排出情况不同。因此，使用双歧杆菌改善肠道黏膜屏障、调节物质代谢和治疗各种急慢性腹泻时，作用更精准，效果更明显。

细菌的排出情况与其在肠道的分布、定植密切相关。双歧杆菌、乳酸杆菌主要集中在结肠，细菌排出快；肥胖组细菌则较长时间停留在小肠，会随着肠道运动逐渐进入结肠，随细菌排出，呈逐渐上升趋势。

使用长双歧杆菌可改善脂类代谢、治疗其他疾病。只有长时间持续补充双歧杆菌，才能保持肠道中较高的细菌浓度，从而使其有效地定植于肠道，进而发挥其生理功能。

（四）双歧杆菌和胆固醇

随着工作和生活压力的增加，以及现代生活节奏的加快，很多人养成了不良的饮食习惯，改变了膳食结构。他们不仅痴迷饮酒，还缺乏运动，导致体重增加，体内脂肪堆积过多，让身体出现了病理性或生理性的改变。而脂质代谢异常发生率的升高就与这种改变有关。

广义上，脂质分为脂肪和类脂两大类。所谓脂肪，就是甘油三酯；类脂则包括磷脂、糖脂、胆固醇和胆固醇酯。脂质是人体必需的营养成分，能储存能量，参与机体代谢等。临床上较常使用的指标是甘油三酯和胆固醇。一且人体的脂质代谢发生紊乱，身体质量指数就会升高，引发高胆固醇血症，导致体内双歧杆菌的数量下降。

双歧杆菌降胆固醇的作用机制如下。

（1）双歧杆菌对胆固醇的同化作用。在小肠中，外源性胆固醇可以与胆汁酸结合，继而被细菌同化。可见，胆固醇的降低与两歧双歧杆菌对胆固醇的同化作用直接相关。在含有胆汁的肉汤培养基中，胆固醇的移除可能与双歧杆菌生长细胞的同化作用有关。双歧杆菌对胆固醇具有同化作用，且不同双歧杆菌对胆固醇的同化作用也不同。

（2）双歧杆菌对胆酸盐的去结合作用。①抑制胆固醇吸收。双歧杆菌中含有的酶类，具有分解胆盐的能力，可将经肝脏循环又回到肠道的胆汁酸进一步降解，然后排出体外，减少胆酸与胆固醇的再吸收，使血和肝脏胆固醇减少。②共沉淀作用。在双歧杆菌分解胆盐后，游离的胆盐可与胆固醇发生共沉淀，加速肝脏中的胆固醇转化为胆盐的速度。③对胆固醇的移除作用。胆固醇能够直接结合到细菌的细胞膜或细胞壁上杀死细胞。这一过程既不能发生共沉淀，也不能吸收胆固醇，但能去除部分胆固醇。双歧杆菌通过自身细胞移除部分胆固醇，而移除的胆固醇会进入细胞膜，增加细胞对超声破坏的抗性。

（五）双歧杆菌和哮喘

肠道菌群与早期免疫系统的发育及过敏性疾病的发生发展密切相关。目前，临床上双歧杆菌多用于调节肠道菌群、治疗腹泻等肠道疾病，在过敏性哮喘防治中的应用较少。

双歧杆菌是肠道菌群的重要组成部分，是一种有益菌，可以从 Trp-AHR 途径、短链脂肪酸的生成及 TLR3/TRIF 信号通路等三个方面来缓解过敏性哮喘。

哮喘是一种以反复发作性喘息、咳嗽、胸闷和呼吸急促为临床表现的呼吸系统疾病。其病理生理特点为嗜酸性粒细胞明显增加、可逆气流受限，气道高反应性等。目前，哮喘以药物治疗为主，临床常用药物为糖皮质激素。糖皮质激素容易引发咽炎、发音困难、支气管痉挛等不良反应。

肠道菌群可能与哮喘的发生发展有关。肠道菌群失衡会影响胎儿免疫系统的发育和成熟，使辅助性 T 细胞向辅助性 T 细胞 2 表型分化，引发 2 型免疫过度表达，从而引发过敏性疾病；另外，患有过敏性疾病的孩童与健康孩童的肠道菌群组成成分存在明显差异，在哮喘患者肠道菌群中，双歧杆菌等厌氧菌含量相对减少。

1. 改善肠道菌群结构可以预防和治疗过敏性疾病

双歧杆菌是一种革兰氏阳性菌，其主要生理功能包括维持肠道稳态、参与免疫调节、抗感染等。研究发现，服用双歧杆菌混合物，可以缓解过敏性哮喘患者的临床症状。

肠道微生物群直接代谢 Trp 的代谢物，包括吲哚及其衍生物，例如吲哚 -3- 丙烯酸、吲哚乙酸、吲哚 -3- 乳酸和吲哚 -3- 甲醛。它们均是芳基烃受体的配体。芳基烃受体是一种可以由受体激活的信号转录因子，可以与内源性、外源性有机分子相互作用，比如与树突状细胞和固有淋巴细胞等免疫细胞相互作用，发挥免疫调节作用。

双歧杆菌还可以促进色氨酸的代谢，上调芳香烃受体的信号转导。这一切的发生都与两条代谢途径相关：一是通过氨基酸氧化酶的色氨酸脱氨基；二是通过芳香族氨基酸氨基转移酶将色氨酸转化为吲哚丙酮酸，然后通过苯乳酸脱氢酶转化为吲哚 -3- 乳酸。

芳基烃受体对于哮喘患者的肺部炎症具有抑制作用。最新研究还证实，芳基烃受体可以通过调节辅助性 T 细胞来平衡及抑制活性氧簇，减轻哮喘患者的气道炎症及黏液高分泌症状。

2. 双歧杆菌可促进短链脂肪酸生成，缓解过敏性哮喘

肠道菌群可通过短链脂肪酸参与过敏性疾病的发生发展。肠道中的短链脂肪酸主要包括乙酸盐、丙酸盐和丁酸盐。双歧杆菌可以促进短链脂肪酸的产生。原因有二：一是肠道菌群可以将复杂的聚合碳水化合物分解成单糖，而双歧杆菌可以通过其特有的果糖 -6- 磷酸途径利用单糖产生短链脂肪酸；二是双歧杆菌中的 ATP 结合盒转运蛋白，有利于短链脂肪酸生产所需底物的摄取和转运。

短链脂肪酸不仅可以减轻过敏性哮喘的气道炎症，还能降低气道高反应，缓解临床症状。及时补充双歧杆菌就能增加盲肠短链脂肪酸的含量，抑制免疫球蛋白 E 介导的过敏性疾病的发生。

五、双歧杆菌在人类重大疾病中的作用

益生菌被称为"旧时代的新武器"，在医疗保健上具有巨大潜力。

人类最早使用的益生菌是酵母和乳酸菌属。时至今日，双歧杆菌属已成为人们使用较多的益生菌种类之一。随着研究的不断深入，双歧杆菌在肠道相关疾病中的预防与治疗作用也愈加凸显。

双歧杆菌在重大疾病中的调控作用如下。

1. 酒精性肝病

酒精性肝病包括脂肪肝、酒精性肝炎、肝硬化及其并发症等一系列临床疾病，多数都出现于酗酒人群中。其发病机制是：过度代谢乙醇，引发肝组织损伤。肝脏可以将机体摄入的乙醇代谢为乙醛等有毒副产物，诱导CYP2E1 酶过度激活，从而对肝实质细胞产生直接毒性作用。此外，氧化应激还能进一步对肝细胞造成伤害，干扰多种生化过程。

过量摄入酒精不仅会使机体肝脏受损，还会伤害到肠、脑等组织，其中对肠组织的损伤尤为严重。正常情况下，为了维系肠道免疫稳态，防止共生细菌移位至机体深部，肠黏膜屏障会隔离肠道微生物与宿主免疫细胞。因此，肠黏膜屏障的完整性对于避免机体产生炎性损伤至关重要。

然而，相较于健康人群，酒精性肝病患者结肠上皮细胞间紧密连接蛋白如 ZO-1 的表达会显著降低，进而会破坏黏膜的完整性，增加肠屏障的通透性。这种黏膜病理性通透性增加就是"肠漏"。肠漏后，固有菌群及其有害产物，如脂多糖就会进入血液循环系统，让机体产生内毒素血症。脂多糖通过门静脉进入肝脏后，还能通过刺激 Toll 样受体 4 激活枯否细胞，产生促炎细胞因子和趋化因子，进一步募集中性粒细胞和单核细胞。

此外，酒精的过量摄取还将导致机体菌群代谢产物紊乱，例如短链脂肪

酸和支链氨基酸含量减少，以及胆汁酸代谢异常。这种变化将影响机体的免疫反应，并使菌群结构发生巨大变化。

双歧杆菌能够调节肠道菌群组成，并改善肠黏膜完整性，具有治疗和预防酒精性肝病的潜力。

（1）在治疗方面，双歧杆菌等多菌联合制剂和谷氨酰胺联用可减轻酒精性肝病的炎症反应。轻度酒精性肝炎患者经两歧双歧杆菌和胚芽乳杆菌治疗5天后，ALT（用于评价肝内炎症程度和抗病毒治疗的指标）、谷草转氨酶、乳酸脱氢酶和总胆红素显著降低。两歧双歧杆菌对于治疗酒精性肝病具有一定的潜力。

（2）在预防方面，双歧杆菌和乳酸菌预处理能够有效防止细菌移位及内毒素血症，缓解肝组织损伤并使谷草转氨酶与谷丙转氨酶的比例回归正常。此外，益生菌的使用还能显著促进脾细胞产生干扰素 –α 和干扰素 –γ，缓解肝损伤。

2. 炎性肠病

炎性肠病包括溃疡性结肠炎和克罗恩病，是累及回肠、直肠、结肠的一种特发慢性复发性肠道疾病。目前，该病发病率持续增高，已成为一个全球性健康问题。

虽然科学家对炎性肝病的发病机制仍然存在一定争议，但对于其发病缘由也有共同认知，即其发病是由遗传因素、免疫缺陷和环境因素共同决定的。在致病的环境因素中，肠道菌群发挥了巨大作用。

研究表明，与健康人群相比，炎性肠病患者不但炎症肠段的菌群多样性显著降低，而且非炎症的肠段中也会出现同样现象，即肠道中厚壁菌门和拟杆菌门的比例降低。由于厚壁菌门和拟杆菌门的成员多数能发挥免疫调节功能，因此其比例失调会进一步诱发黏膜炎症。与这一现象相吻合的是，溃疡性结肠炎患者结肠中厚壁菌门与拟杆菌门的比例显著降低，有益菌丰度减少，且大肠杆菌等条件性致病菌比例增多。

在肠炎环境下，宿主细胞可通过 miRNA 与肠道菌群相互作用维持肠道免疫稳态，即宿主产生的 miRNA 能够进入共生细菌胞内调控其基因转录。

反之，菌群也能调控宿主 miRNA 的表达。例如，miRNA 能够通过影响肠上皮增殖与分化调控肠屏障功能。

3. 肾病

以肠道微生物为媒介，肾脏与肠道间的相互作用称为肠－肾轴，可分为代谢途径和免疫途径。代谢途径主要由肠道菌群产生的代谢物介导，可以调节宿主的生理功能；免疫途径主要由免疫细胞与细胞因子来维系肠道和肾脏的免疫稳态。

饮食不平衡会引起微生态失调，导致肠道内 p-肠内硫酸甲苯酯和吲哚酚酯积聚，损害肠屏障，从而增加肠黏膜的通透性。在此过程中，细菌内毒素和尿毒症毒素会通过循环进入肾脏，引发炎症。这就是肠－肾轴的代谢途径。随着肠道营养环境的改变，菌群结构也会发生变化，导致致病菌增多，进而激活肠－肾轴的免疫途径。在此过程中，骨髓源免疫细胞会发生过度免疫应答，活化肠道免疫细胞。尿激酶型纤溶酶原激活物受体被活化后，就会从细胞表面脱落，形成可溶性尿激酶型纤溶酶原激活物表面受体。然后，可溶性尿激酶型纤溶酶原激活物表面受体被释放到外周血液循环中。可溶性尿激酶纤溶酶原激活物表面受体和炎性因子通过循环系统到达肾脏后，就容易引发一系列肾脏炎症。

双歧杆菌能够通过肠－肾轴，维系宿主的生理和免疫稳态。多种双歧杆菌菌株在预防肾病和减轻肾病的炎性反应等方面具有极大潜力。

4. 幽门螺杆菌感染

幽门螺杆菌是一种革兰氏阴性细菌，主要存在于人类的胃和十二指肠中，是引发胃或十二指肠溃疡等炎症和胃癌的帮凶。据统计，世界上超过 50% 的人都已经感染了幽门螺杆菌。

多数幽门螺杆菌呈杆状形态，有两种亚型，即螺旋形和 S 形。虽然幽门螺杆菌对于胃环境中的 pH 值有一定要求、具有耐酸机制，但其实际上是一种嗜中性细菌，相对于强酸环境，在弱酸性或中性条件（pH 值在 6 和 7 之间）下才能获得最佳生长。

迄今为止，三联（质子泵抑制剂、克拉霉素和阿莫西林或咪唑）和四联疗法（质子泵抑制剂、四环素、甲硝唑和铋制剂）是治疗幽门螺杆菌感染的主流方法。只要经过两周治疗，就能消除 85%~90% 的细菌，但部分细菌对抗生素存在一定的耐药性，治疗有效性也会大大下降；而且，抗生素治疗会对宿主造成一定的副作用，因此需要改进幽门螺杆菌感染的治疗方法。

与抗生素疗法相比，益生菌疗法不仅副作用更小，而且抗生素联合应用在临床上效果也更好。研究证实，利用两歧双歧杆菌和嗜酸乳杆菌，只要治疗 6 周，就能抑制幽门螺杆菌在胃中的定植，并缓解消化不良等症状。同时，乳双歧杆菌 Bb12 对幽门螺杆菌具有一定的体外抑制作用，因此补充含有嗜酸乳杆菌 La5 和乳双歧杆菌 Bb12 的酸奶，有助于提高幽门螺杆菌的根除率；饮用含乳酸杆菌和双歧杆菌的酸奶，仅用 4 周，就能提高幽门螺杆菌的根除效率。

双歧杆菌提高幽门螺杆菌根除效率的机制，主要表现为以下几点。

（1）双歧杆菌会直接竞争营养物质，有效抑制病原菌增殖。

（2）双歧杆菌在胃上皮细胞上的定植产生的占位作用，会降低幽门螺杆菌的附着。

（3）双歧杆菌通过其代谢产物乳酸和短链脂肪酸来调节肠道 pH 值，酸化的胃部微环境会抑制幽门螺杆菌的增殖；同时，乳酸和短链脂肪酸具有调控免疫系统的功能，可以使肠道中的免疫细胞产生抗菌免疫应答。

（4）双歧杆菌有助于抑制脲酶，拮抗幽门螺杆菌的增殖。

（5）双歧杆菌有助于抵消大肠杆菌的产氢作用，改善肠道菌群结构，抑制幽门螺杆菌。

5. 尿毒症

在人体肠道中居住着多种有益菌，双歧杆菌就是其中一种。日本一项新研究发现，在人类肠道中，双歧杆菌可以降低肠道内相关毒素浓度，从而缓解尿毒症等肾功能衰竭病症。

有些人体的肠道细菌会产生一类被称为吲哚的化合物。肾功能正常时，吲哚会随尿液排出体外；一旦肾功能下降，排尿量减少，吲哚就会在血液中积蓄。吲哚及其转化而成的硫酸吲哚酚，都与肾功能衰竭的发展相关。硫酸吲哚酚是具有代表性的尿毒症毒素之一。

研究发现，有些双歧杆菌菌株能大幅降低大肠菌产生的吲哚浓度，并最终将吲哚转化成能改善大脑功能和增强免疫力的物质。

6. 高血脂

随着生活水平的提高，动脉粥样硬化等心脑血管疾病的发病率逐年上升。胆固醇含量过高容易诱发动脉粥样硬化，导致心脑血管疾病。实验证明，人体有益菌的摄入可降低血胆固醇的浓度，有效预防心脑血管疾病的发生。

如今，心血管疾病已成全球主要死因，患病率和死亡率仍在上升。高血脂是动脉粥样硬化和心脑血管疾病的危险因素之一。目前，常用于降脂的药物效果好，但副作用多。他汀类调脂药不仅能降低血脂，还能保护心脑血管，减缓动脉粥样硬化的进展，增加动脉粥样硬化斑块的稳定性。

双歧杆菌是人体肠道的正常菌群，可以维护肠道菌群平衡，抑制病原菌生长，防止肠道障碍；提高消化率；增强人体免疫力，预防抗生素的副作用，抗衰老；还可改善脂类代谢，降低血脂和胆固醇。研究发现，双歧杆菌可以协同他汀类药物降低血脂，有效预防心脑血管疾病的发生。

中篇

双歧杆菌与肠道健康

第七章　双歧杆菌：母亲送给新生命的礼物

双歧杆菌与人类相生相伴，对健康有着重要影响。青少年时期，双歧杆菌的数量保持在 50% 左右；到了中年时期，会下降至 30% 以下；老年时期，则会进一步减少到 10% 以下。2024 年最新研究表明，长寿老人体内的双歧杆菌数量占比比普通老人高 200 倍左右，普通老人比生病老人体内的双歧杆菌数量占比高 50 倍左右。并且，双歧杆菌虽不能通过日常饮食进行补充，但一些富含益生元的食物对其生长有益。从婴儿到老年阶段，双歧杆菌的数量呈逐渐减少的态势，并且不同人群的下滑速度存在差异。到了老年阶段，肠道功能开始下降，身体的各项机能也开始减弱。濒临死亡的人，肠道内已经检测不到双歧杆菌了。所以说，双歧杆菌是伴随我们一生的不可或缺的重要细菌。

一、初生之喜：双歧杆菌在新生儿肠道的繁衍

随着小生命的呱呱坠地，双歧杆菌在婴儿的肠道中立刻繁衍，成为肠道微生物群落的主宰。在这个纯净的新世界里，双歧杆菌就像可爱的守护天使，保护着幼小的生命免受有害细菌的侵袭，帮助消化母乳中的营养成分，促进免疫系统的成熟。

婴儿肠道内的双歧杆菌，通过妈妈的产道、哺乳等方式获得。双歧杆菌从婴儿消化道内众多的微生物群落中脱颖而出，迅速成为优势菌群，并最终在 2 岁健康宝宝体内成为绝对数量优势和作用优势菌种，确保孩子健康成长。

在新生婴儿去掉口膜之前，利用现有的检测技术在婴儿的消化道内检测不到任何细菌。只有婴儿去掉口膜后，随着呼吸、饮水、哺乳以及吸吮手指

等动作，各种微生物（包括细菌）才会进入人体。肠道是双歧杆菌繁衍的最佳场所。双歧杆菌是生命进化过程中最终被人体选择的重要微生物，也是母亲送给后代的礼物。

双歧杆菌的垂直传播是婴儿早期肠道微生物群建立的关键环节。通过产道、哺乳和亲吻等亲密接触方式，母亲可将双歧杆菌传递给新生儿。

这些益生菌在新生儿的肠道中定植，有助于形成和维持一个健康的肠道微生态，不仅能促进婴儿的免疫系统发展、营养吸收和疾病抵抗力，还能增强肠道屏障功能、增强黏膜免疫和调节炎症反应，为孩子的健康成长打下坚实基础。因此，维护和优化这一自然传递过程，对于促进儿童早期发展和长期健康至关重要。

补充双歧杆菌可以促进双歧杆菌在婴儿肠道内的早期定植，促进婴儿的整体健康和发育。作为肠道微生态中的关键成员，双歧杆菌对婴儿的免疫系统发展、营养吸收和抗感染能力具有重要作用。早期的肠道菌群构成不仅关系到体格成长，还与神经系统的发育和认知功能的形成相关联。及时补充双歧杆菌有助于建立一个多样化和平衡的肠道微生物群，促进婴儿的性格形成、智力发展和潜能挖掘。

二、成长之歌：双歧杆菌在儿童成长中的作用

随着时间的流逝，宝宝逐渐长大，他们开始接触更多的食物和环境。这时候，他们身体里的双歧杆菌依然强大，但新的微生物种类开始进入肠道，让肠道的生态环境变得更加复杂多样。双歧杆菌与其他微生物和谐共处，共同维护着宿主的健康。

在正常情况下，人体内的肠道微生物会形成一个相对平衡的状态。一旦平衡遭到破坏，如服用抗生素、放疗、化疗、情绪压抑、身体衰弱、缺乏免疫力等，肠道菌群就会失去平衡。一旦某些肠道微生物在肠道中过度增殖并产生氨、胺类、硫化氢、粪臭素、吲哚、亚硝酸盐、细菌毒素等有害物质，就会进一步影响机体的健康。

双歧杆菌等有益细菌能抑制人体有害细菌的生长，抵抗病原菌的感染，合成人体需要的维生素，促进人体对矿物质的吸收，产生醋酸、丙酸、丁酸和乳酸等有机酸，促进排便，防止便秘，抑制肠道腐败作用，净化肠道环境，分解致癌物质，刺激人体免疫系统，从而提高抗病能力。

具体来说，双歧杆菌的有益作用包括以下几个方面。

1. 治疗腹泻

双歧杆菌具有调节肠道菌群的作用，因此对儿童急慢性腹泻具有很好的治疗作用。

2. 营养作用

双歧杆菌的分解代谢途径不同于乳酸菌。双歧杆菌最主要的产物包括乳酸、乙酸等，可改善机体 pH 值，促进铁和维生素 D 的吸收，提高磷、铁、钙的利用率。

双歧杆菌可以通过磷蛋白磷酸酶分解 α - 酪蛋白，促进蛋白吸收。机体如果缺乏乳糖酶，摄入的乳糖或纯牛奶，就不能被消化吸收进血液，仍然留在肠道内。此时，肠道细菌就会在发酵分解乳糖的过程中产生大量气体，造成腹泻、腹胀等症状。因此，如果体内缺乏乳糖酶，就可以饮用经双杆菌发酵的乳制品，以便于获得乳制品中丰富的营养。

3. 拮抗作用

研究表明，当双歧杆菌与致病性大肠埃希菌、福氏志贺菌、沙门菌等肠道致病菌共同竞争培养时，人宫颈癌细胞的黏附能力均明显下降。

双歧杆菌不仅会与病原菌争夺营养物质和空间位置，还可通过代谢产生抗生素、细菌素等方式，阻止病原菌的生长。

4. 通便功能

便秘是指粪便干燥难解或排便次数减少。临床上根据病因，将其分类为功能性便秘和器质性便秘。双歧杆菌对治疗功能性便秘有着明显作用。研究发现，双歧杆菌在人体肠道内的定植数量会随着个人年龄和健康的变化而改变。母乳喂养大的孩童，肠道中的双歧杆菌约占肠道总菌数的91%；而在老年人的肠道菌群中，双歧杆菌数量则会显著下降。要想改善缺乏双歧杆菌引发的便秘，就可以口服双歧杆菌微生态制剂。

5. 增强免疫力

双歧杆菌可以刺激肠道黏膜，激活肠道黏膜的免疫系统，使其产生抗体、细胞因子，更好地提高肠道黏膜的免疫、抗感染、抗肿瘤等作用。

6. 抗衰老功能

人体的衰老往往是从肠道老化开始的。双歧杆菌在维持机体肠道健康和减缓肠道老化方面具有重要作用。研究证明，双歧杆菌能明显增加血液中过氧化物歧化酶的含量及其生物活性，有效促进机体内自由基的清除，抑制血浆脂质过氧化反应，延缓机体衰老。

三、壮年之稳：双歧杆菌在成年人肠道中的平衡

进入壮年，生命的航船驶入了平静的海域，双歧杆菌的数量和多样性达到了一个关键的转折点。尽管双歧杆菌等益生菌对人体的积极影响和有害微生物的负面作用处于一个相对的平衡点。但在这一时期，以双歧杆菌为代表的有益力量会继续发挥作用，维护宿主的消化健康，调节免疫系统，助力抵御疾病。然而，青壮年消化道内双歧杆菌的占比不足30%的现状，预示着未来的健康危机。

人体肠道内的细菌群会随着人的年龄增加而发生显著变化。婴儿出生48小时后，消化道内即出现双歧杆菌，婴幼儿双歧杆菌数量最高占比可以达到肠内细菌总量的90%以上。随着年龄的增长，双歧杆菌逐渐减少甚至消失。65岁以上的老人，双歧杆菌数量则减少到仅占7.9%，而产气荚梭菌、大肠杆菌等腐败细菌大量增加。随着年龄的继续增长，老年人肠道内充满腐败细菌，而肠道内的双歧杆菌几乎消失。

在肠道中，腐败细菌会分解食物成分，产生氨气、胺类、粪臭素、吲哚、酚类以及亚硝胺等有毒物质。人体长期吸收这些毒素，就会加速衰老，诱发癌症，引起动脉粥样硬化、肝脏障碍等疾病。

双歧杆菌有什么作用？这种被人所信赖的好细菌具备以下作用。

1. 阻止病原菌感染

健康人的肠道内栖息着大量的双歧杆菌，最典型的代表就是母乳喂养的婴儿，其肠内细菌 90% 以上都是双歧杆菌。双歧杆菌可制造出乙酸和乳酸，可以抑制病原菌的繁殖，降低人体被感染的概率。母乳喂养的婴儿比奶粉喂养的婴儿较少发生腹泻或肠炎，死亡率也比较低。当然，除了婴儿，幼儿和成人也一样。

2. 抑制肠内腐败

蛋白质在肠内被坏细菌分解时，会形成胺、氨、硫化氢等腐败物质。这些物质被人体吸收后，就会引发便秘、腹泻、癌症、高血压等疾病，加速身体的老化。粪便会发出臭味的原因，也在于这些腐败物质。

3. 制造维生素

抑制肠内的腐败，并不是双歧杆菌的主要功能。双歧杆菌的主要功能是制造维生素 B_1、维生素 B_6、维生素 B_{12}、维生素 K_{12}、烟酸和碘等元素。这些维生素部分会被人体吸收，促进人体健康。

4. 防止便秘的产生

双歧杆菌在肠内繁殖时，会制造出乳酸或醋酸等有机酸，作为代谢产物，可促进肠道蠕动，防止便秘。

5. 预防和治疗腹泻

如果肠内细菌丛失衡，就会引起细菌性腹泻。双歧杆菌能在肠内繁殖，即表示肠内细菌丛已保持正常的平衡。因此，双歧杆菌可以预防腹泻。

6. 提高身体的免疫力

双歧杆菌的菌体中，含有可刺激体内免疫机能、提高免疫力的物质。一般认为，肠内的双歧杆菌可因自我溶解，令菌体的成分被体内吸收，继而提高免疫能力。

7.产生大量对人体有用的活性成分

双歧杆菌在肠道内定植的过程中，会产生大量的氨基酸、有机酸、小肽、酶等生命必需的微量成分。这些微量成分不仅是人体必需的营养物质，也是十分重要的生命成分。

8.帮助食物消化和吸收

由于菌群失衡，食物不能被充分消化、吸收和利用。当肠道菌群恢复健康后，消化酶的种类和数量会显著增加，尤其是原来分泌不足的酶类。原来不能消化的食物可以进一步被消化，或者被消化得更加充分。比如，原来不能吸收的粗纤维，在补充双歧杆菌之后，可被分解成多糖、寡糖等，从而被人体吸收。

9.其他作用

双歧杆菌还具有免疫调节功能、抗衰作用等。

四、暮年之秋：双歧杆菌在老年人肠道中的坚持

随着我们逐步进入老年，双歧杆菌的数量也开始逐渐减少。肠道环境的变化、个体免疫力的下降，让它们的生存空间变得越来越小。一旦有害细菌开始占据优势，肠道健康就会受到威胁。虽然双歧杆菌的数量少了，但依然会尽心尽责，保护机体的健康。

作为一种有益菌，双歧杆菌会伴随人类从出生到死亡，而口服抗菌药物、手术、饮食、疾病和衰老等均能使肠道双歧杆菌数量发生变化。与中年人群体相比，老年人体中的微生物群落多样性会大幅减弱，而且还存在较大的个体差异，主要以双歧杆菌减少、变形菌门和拟杆菌门增加为特点。

伴随着衰老的到来，肠道生理状态会逐渐发生改变，比如肠道功能减

弱、肠蠕动时间延长、pH 值升高至 7.0~7.5。如果老人体弱多病，肠道内双歧杆菌就会几乎完全消失。长寿老人消化道内双歧杆菌的数量占比比普通老人高 200 倍左右。普通老人比生病老人消化道内双歧杆菌数量占比高 50 倍左右。这就说明，肠道内双歧杆菌的数量是检验机体是否健康的指标之一。

双歧杆菌对老年群体的作用如下。

1. 预防口腔念珠菌病

随着年龄增长，细胞介导免疫力和唾液质量水平会下降，老年人经常会发生口腔念珠菌感染。双歧杆菌在口腔念珠菌病防治中具有重要意义。

2. 改善排便形态

双歧杆菌可以促进老年人健康排便。老年人排便异常主要包括便秘和腹泻两种形态。研究表明，双歧杆菌可以改善老年人的排便形态，改善便秘和腹泻，尤其能改善老年人"努力排空"和"肛门直肠阻塞感觉"等症状，同时使排便有规律。

3. 急性上呼吸道感染

双歧杆菌能有效地恢复上呼吸道微生态平衡和刺激免疫应答，治疗急性上呼吸道感染。研究发现，双歧杆菌会缩短老年急性上呼吸道感染的持续时间。

4. 抗生素相关腹泻

研究表明，补充双歧杆菌可以作为防治抗生素相关腹泻的有效方法，能够预防和减少老年人抗生素相关腹泻的发生，减轻腹泻症状。

5. 阿尔茨海默病

人到老年，包括阿尔茨海默病在内的退行性疾病的发病率会大幅增加，认知和记忆功能也会大幅下降。使用双歧杆菌有助于改善这些疾病症状。实验证明，补充乳酸杆菌和双歧杆菌可改善阿尔茨海默病患者的认知、感觉和情绪功能。

6. 营养不良

双歧杆菌可以调节肠道微生物群。研究发现，食用含双歧杆菌的饼干有助于改善与年龄有关的营养不良。

7. 心血管疾病

心血管疾病是老年群体的常见病。研究发现，补充双歧菌有助于降低老年人患高血压的风险。

第八章 双歧杆菌的传递与拓展

我们的肠道内有数千种、数量高达数百万亿的细菌。这些细菌的数量是人体细胞总量的 10 倍。而肠道菌群微生态平衡与肠道免疫、肠道过敏、肥胖和糖尿病等疾病直接相关。环境、饮食结构以及是否使用抗生素等因素都影响着肠道菌群的平衡状态。不同的肠道菌群状态影响人体的代谢、免疫和有害物质的清除能力。

寄生于人体肠道中的双歧杆菌共有 9 种，分别是：两歧双歧杆菌、长双歧杆菌、短双歧杆菌、婴儿双歧杆菌、青春双歧杆菌、角双歧杆菌、链状双歧杆菌、假链状双歧杆菌、齿双歧杆菌。随着研究的深入，今后可能会发现更多种类的双歧杆菌。

一、双歧杆菌的动态变化与生命历程

双歧杆菌是人体肠道中的一种重要益生菌。双歧杆菌在人体动态变化过程中有一些特点。

1. 婴儿期

在婴儿出生后，去掉口膜之前，其肠道内用现代科技检测不到任何细菌。新生婴儿一旦去掉口膜，空气中弥漫的来自医生、护士、妈妈、亲友身上的细菌就开始进入其肠道内。出生后两个小时，新生婴儿的肠道内就可以检测出细菌，在第二天就发现存在少量双歧杆菌。到第五天的时候，双歧杆菌就占据主导地位，并不断提高肠道内数量占比比例，最终在 2 周岁健康婴儿肠道内双歧杆菌占比达到 90% 以上。

双歧杆菌对婴儿的健康发育具有重要作用。母乳喂养的婴儿从母乳和乳晕皮肤中获得更多的双歧杆菌，因为母乳中的低聚糖可选择性地促进双歧杆菌的生长。

2. 少年期

随着孩子逐渐长大到 2 周岁以后，他们的活动范围扩大，食物种类也日益增多。同时，由于自主触摸、接触到的实物增多以及偶尔遭受父母责骂等精神因素影响，双歧杆菌在肠道内数量的占比会迅速下降。

3. 青年期

受社会压力、工作压力、家庭压力、熬夜、应酬、焦虑等多方面因素的影响，青年人肠道内双歧杆菌数量的占比会进一步下降。

4. 成年期

随着年龄的增长，人体肠道内双歧杆菌的相对丰度会逐渐降低并趋于稳定。在成年期，双歧杆菌的相对丰度为 20%~30%，并且保持暂时相对稳定。成年人群体中，青春双歧杆菌和链状双歧杆菌的含量较高。

5. 老年期

老年人肠道中双歧杆菌的数量会随着年龄的增长而减少，物种的多样性也随之减少。这就告诉我们，双歧杆菌的丰度与个人健康状态相关。

双歧杆菌在肠道内占比多少，某种程度上与人体健康和年轻状态呈现正相关。

二、传递途径：母亲与新生儿的亲密接触

在分娩过程中，实际上会发生两件事：第一件是出生本身，预示着一个新的人类个体来到了这个世界；第二件事可能决定着一个孩子未来的健康，这就是"菌"脉传承的过程，也是很多人会忽视的问题。

（一）怀孕期间，母亲的菌群如何为分娩做准备

胎儿是在一个近乎无菌的环境中发育的，但最近研究表明，胎儿在子宫里并不是完全无菌的，可能会接触到一些细菌。比如，在子宫、胎盘、羊水中，存在少量的细菌；同时，至少有三分之一孕妇的胎盘中存在细菌。而胎盘中细菌的存在可能与母亲怀孕早期的感染有关，比如妊娠早期的尿道

感染。

此外，胎盘中细菌的存在还跟早产有联系。如果胎盘中存在细菌，那它似乎就与口腔中的细菌相似。换句话说，母体口腔菌群和胎盘菌群之间可能存在联系。但是，来自母亲口腔的细菌是如何进入胎盘的？目前还没有明确的答案。科学家认为，细菌有可能是从母亲的溃疡口腔、溃疡胃肠以及体表伤口等破损的皮肤进入她的血液，最终进入胎盘。此外也有可能是某些细菌从母亲的阴道进入了子宫。

总之，至少有一些胎儿可能在子宫内接触到微生物。

在分娩前的几个月里，孕妇的整个菌群都在发生变化，这是为即将到来的分娩过程中母婴间微生物传递所做的准备。

那么，母亲在怀孕过程中微生物群落是如何变化的呢？在阴道里，尤其是在妊娠晚期的阴道里，双歧杆菌的数量会急剧增加，这种细菌最终会在婴儿身上定植。

双歧杆菌是我们熟知的好细菌，存在于酸奶和其他发酵食品中，也存在于我们的口腔、肠道和阴道中。双歧杆菌能够将乳糖和其他糖转化为乳酸，为我们的身体提供能量。乳糖是母乳中主要的碳水化合物，与双歧杆菌保持着密切联系。如果双歧杆菌遇到母乳，就会分解母乳中的乳糖，为婴儿提供能量。这可能也是母亲的阴道菌群在怀孕后期会拥有更多乳酸杆菌的原因。这种完美的进化，其实就是在为出生和随后的哺乳做准备。

孕妇阴道菌群的变化不仅表现为双歧杆菌的数量增加，还体现为微生物物种多样性的减少。随着母亲阴道内双歧杆菌的大量增加，其他细菌物种就会被排挤出去，从而减少阴道细菌的整体多样性。

妊娠晚期，阴道中大量的双歧杆菌保持低 pH 值，就可以限制细菌的多样性，防止细菌从阴道上升进入子宫，感染羊水、胎盘，甚至胎儿，还有助于婴儿在出生时肠道定植更多的有益细菌。

婴儿出生时，母亲阴道内的双歧杆菌就是在婴儿肠道播下的"种子"；而哺乳时，母乳就是乳酸杆菌的"肥料"，这种相互合作堪称完美。

怀孕期间，随着肚里宝宝的成长，母亲需要更多的能量，新陈代谢也会发生变化。最新科学研究表明，孕妇肠道菌群的变化可能在其中发挥作用。怀孕期间，母亲的肠道菌群会变得与肥胖和代谢综合征患者类似，有助于母亲从食物中摄取更多的能量和营养并产生更多的能量，满足自己和胎儿的营养需求。

在阴道分娩过程中，婴儿还可能会接触到母亲的粪便物质。粪便物质中含有母亲的许多肠道微生物，其中就可能包括一种重要的有益细菌，即双歧杆菌。在分娩过程中，婴儿接触母亲的粪便物质，可迅速获得一些具有较低能量产生能力的细菌，帮助婴儿在生命的关键的最初几个小时里增加能量。

总之，在怀孕期间母亲应该确保体内的菌群处于理想状态。准妈妈在怀孕期间，应该特别关注自己的饮食和生活方式，还要特别注意怀孕期间抗生素等药物的使用，否则可能会显著影响自己的肠道菌群，进而影响婴儿出生时的菌群定植。

（二）婴儿出生时，微生物是如何"播种"的

从怀孕中期开始，孕妇可能会感觉到轻微的宫缩。这些不频繁、不规则、不可预测的收缩，只会持续不到 1 分钟。如果女性改变活动或姿势，比如从走路到坐着不动，它们就会停止。这种宫缩，加上子宫颈变得越来越短和越来越有弹性，以及激素水平的变化，可能使子宫颈成熟，为分娩做好准备。

在怀孕末期，也就是在 38~42 周之间，准妈妈可能会经历一些略强的宫缩，这就是产前宫缩。产前宫缩可能会在妊娠晚期有节奏地出现，每 10 分钟或 20 分钟一次。对一些女性来说，这有助于维持妊娠期接近无菌环境的黏液栓从子宫颈部脱落。

随着分娩的临近，宫缩可能开始变得更强烈，持续时间更长，强度更大，更频繁，孕妇也更痛苦。一旦在 10 分钟内出现 3 到 4 次宫缩，宫缩强度大且规律，那就意味着进入活跃分娩阶段，婴儿即将开始从子宫走到外部世界。

在整个分娩过程中，母亲会释放一些自然产生的激素，其中一种激素就是催产素，也就是所谓的"爱情荷尔蒙"，它能刺激更强烈的宫缩，迫使婴儿冲向子宫颈，软化并扩大子宫颈，使之张开到直径约 10cm。一旦孕妇的子宫颈完全扩张，婴儿就会通过它进入产道，最终到达阴道的开口。这也是分娩过程中最痛苦和紧张的阶段。

通常在分娩的某个时候，孕妇的羊水会破裂。不过，多数时候，孕妇会在分娩的第一阶段破水，这时宫缩开始加剧，羊膜囊会破裂，或者在第二阶段，胎儿进入产道的时候破水。

破水的那一刻也是婴儿菌群"播种"的关键时刻。一旦羊膜破裂，婴儿就会突然暴露在大量的细菌中。在产道中，没有了羊膜囊的保护，婴儿就会被母亲的阴道微生物覆盖，自己的皮肤会像海绵一样吸收这些微生物，让这些微生物进入眼睛、耳朵和鼻子，然后进入嘴巴。这是婴儿第一次进入细菌的世界，这些细菌也将构成婴儿的基础菌群。

一些进入婴儿口腔的微生物会停留在婴儿的口腔里，尤其是双歧杆菌、乳酸菌等。当婴儿开始母乳喂养时，这些细菌会发挥重要作用。然而，并不是所有的阴道微生物都会停留在口腔里，婴儿会吞下一些，包括双歧杆菌，将母亲的阴道微生物运送到肠道，从而开始形成自己的肠道菌群。

怀孕期间，母亲阴道菌的双歧杆菌数量逐渐增多，这更加便于婴儿从母乳的乳糖中摄取能量。因此，作为肠道中定植的首批细菌物种，双歧杆菌已经准备就绪，等待着母乳的到来。不仅如此，双歧杆菌还有另一种特殊的武器。这些细菌也有自己的抗生素，可以抑制其他可能更危险的细菌在新生儿的肠道中定植。最后一件让人惊奇的事情是，首批到达婴儿肠道的细菌还可以帮助训练新生儿的免疫系统。

在产道里，婴儿会遭受挤压，而这种压力会释放出大量的激素并帮助婴儿清空肺部，为出生做好准备。婴儿暴露在母体阴道微生物中的时间长短取决于羊膜囊何时裂开，以及从这一刻起婴儿在产道里停留的时间。婴儿出生开始，他就从接触的一切人和事物中接触到更多的微生物。比如，婴儿被触摸、被亲吻，都会接触到微生物。

在分娩过程中，如果羊水破裂，涌出的羊水可能会将阴道分泌液扩散开来，到处都是微生物，甚至还可能覆盖在母亲的大腿内侧和腹部。婴儿出生时，如果接触到母亲的大腿内侧或腹部，乳酸杆菌和其他阴道微生物就会立即渗入婴儿的皮肤，帮助婴儿皮肤菌群的定植。

无数不同来源的微生物在极短的时间内到达新生儿体内，并迅速繁殖，之后在婴儿身体中定居下来，为婴儿的终身健康和免疫打下基础。

分娩，是决定孩子一生健康的最关键时刻。

（三）婴儿出生后的菌群是如何发育的

阴道分娩时进入婴儿肠道的第一批微生物通常来自母亲的产道，可能含有大量的双歧杆菌和一些兼性厌氧菌。兼性厌氧菌可以在有氧或无氧的环境中生长。

这些兼性厌氧微生物耗尽了婴儿肠道中的氧气，为专性厌氧菌的定植铺平了道路并创造了理想的环境。专性厌氧菌只能在没有氧气的情况下生长。例如，双歧杆菌、拟杆菌和梭状芽孢杆菌等均属于专性厌氧菌。

在婴儿出生后，其体内的微生物是不断变化的，通常在 2~3 岁时达到稳定。这时，他们体内的微生物的组成和多样性都接近成人的水平，达到一个健康平衡的状态。婴儿的肠道菌群一旦建立，60%~70% 的肠道微生物种类从儿童到老年都保持稳定；剩下的 30%~40% 可能会受饮食或生活方式、压力水平和运动、细菌感染、抗生素使用或手术等因素的影响而发生变化。

（四）母亲与新生儿的亲密接触

首先，产道就像一条神奇的"传送带"，当宝宝准备来到这个世界时，就会经过这条充满双歧杆菌的通道。这样，宝宝的肠道里就会种下第一粒健康的种子，让他们从一开始就拥有强大的内在力量。

其次，当妈妈给宝宝喂奶时，不仅会传递营养满满的母乳，还有珍贵的双歧杆菌。宝宝们有了这张"健康会员卡"，在成长的道路上，就能享受VIP 待遇，拥有更多的保护。

最后，亲吻这个动作，虽然听起来有点肉麻，但它其实是双歧杆菌的"爱的传递"。父母或亲人亲吻宝宝，不仅是在表达爱意，还可以在不知不觉中传递双歧杆菌，让宝宝在充满爱的环境中茁壮成长。

通过这些温馨而充满智慧的方式，双歧杆菌如同最重要的礼物一样，从我们的手中传递给新生的婴儿。它们会在孩子们的肠道中建立起第一道防线，帮助他们健康成长。这份礼物比任何物质财富都要宝贵，因为它是生命的基石，是健康的保障。

三、双歧杆菌在婴儿肠道中的绝对优势

婴儿肠道菌群的形成要经历一个动态、复杂的过程，其中双歧杆菌的定植和增长尤为关键。在婴儿出生后的早期，肠道微生物群相对贫瘠。随着时间的推移，双歧杆菌逐渐在肠道定植，并在数量上逐渐增加，最终在肠道微生物群中占据主导地位。双歧杆菌在肠道的定植和增长有助于促进肠道健康、支持免疫系统的成熟、调节宿主代谢等。

双歧杆菌不仅要面对与其他微生物的竞争，还要适应不断变化的肠道环境。当它们依靠超强的适应能力和生存智慧逐渐变得强大起来时，就会在肠道中占据主导地位，逐渐解锁所有的技能，最终以超过90%的占比，成为肠道菌群中的绝对优势菌群。这时候，它们不仅会在数量上压倒其他微生物，更会在功能上展现出优势。

双歧杆菌的这种定植模式对于婴儿的长期健康和发展具有深远的影响，是婴儿早期健康的关键因素之一。

（一）双歧杆菌是婴儿肠道菌群的核心成员之一

肠道菌群定植从出生时就开始了，在生命的最初几年里处于高度动态变化中，1~3年后慢慢趋于稳定。相对于成人或年龄较大的儿童（>1岁）的肠道菌群，婴儿肠道菌群的多样性较低，菌群结构不稳定且呈现出高度动态变化的特点。

双歧杆菌通常大量存在于婴儿，尤其是母乳喂养的婴儿体内，因此被认为是婴儿肠道微生物群的关键成员。尽管从婴儿肠道微生物群的初始组合，到成人肠道微生物群的建立，个体水平存在显著差异，但根据肠道微生物群的组成和优势菌群的出现，婴儿肠道微生物群却能分为六种主要类型。

第1类，由肠杆菌目组成；第2类，由拟杆菌目和疣微菌目组成；第3

类，包括 Selenomonadales 以及梭菌目 Pseudoflavonifractor、Subdoligranum 和脱硫弧菌属的成员；第 4 类，包括所有巴斯德氏菌目；第 5 类，包括大多数梭菌目；第 6 类，包括梭状芽孢杆菌属、厌氧菌属和粪杆菌属、乳酸杆菌属和双歧杆菌属。这些菌群在不同个体中主导婴儿肠道微生物群，在成人肠道微生物群中也很丰富。

总之，在庞大的肠道菌群中，双歧杆菌属在健康母乳喂养的婴儿肠道中占主导地位，是肠道微生态系统的核心。肠道菌群失调，就会引发宝宝的一系列症状：便秘、厌食、烦躁、多动、遗尿、肛裂、反应迟钝、注意力不集中、自闭等。

（二）防治婴儿便秘和腹泻都离不开双歧杆菌

腹泻是婴幼儿的常见病与多发病，而母乳喂养儿腹泻的患病率通常低于人工喂养儿，主要原因就在于两种喂养方式造成婴幼儿肠道细菌分布得不一样。

母乳喂养儿的肠道菌群中双歧杆菌数量占比高达 90% 以上，而人工喂养儿双歧杆菌的数量则相对较少。双歧杆菌在肠内可形成保护膜，防止致病菌的侵入，并挤占多数的空间，致使致病菌无立足之处。同时，双歧杆菌还能产生乳酸等酸性物质，抑制致病菌的滋生并加快肠蠕动，将致病菌和有毒物质及时排出体外，保证肠道的健康，有效预防腹泻。

双歧杆菌是维持婴幼儿肠道健康的有益菌。在轮状病毒感染性腹泻及抗生素相关性腹泻中，双歧杆菌数量的减少最为明显。而服用双歧杆菌制剂有助于调节肠道菌群，维持双歧杆菌在肠道中的数量优势，抑制有害菌的生长，提高肠道的抵抗力，降低肠道感染的风险。

便秘是婴幼儿比较常见的一种症状，原因有：饮食的改变、肠道功能的失调等。这其实与肠道菌群有一定的关系，肠道菌群既可诱发便秘，也可因便秘而产生各种有毒物质，从而对机体造成毒害作用。

那如何治疗便秘呢？除了改进饮食以外，还可以采用双歧杆菌进行治疗。因为双歧杆菌在代谢过程中能产生多种有机酸，使肠腔内的 pH 值下降，促进肠管的蠕动，起到缓解便秘的作用。

四、拓展空间：类维生素、脂磷壁酸等微量成分

作为一种有益的肠道微生物，双歧杆菌的细胞壁中含有丰富的微量成分，包括类维生素、脂磷壁酸、壁磷壁酸等小分子物质。这些成分在人体营养和健康中扮演着重要角色。比如，类维生素物质可参与机体的代谢过程，脂磷壁酸和壁磷壁酸等成分对细胞信号传导和免疫调节具有潜在影响。

随着科学技术的进步，深入认识这些微量成分，并加以灵活应用，就能挖掘出更多在促进健康、预防疾病方面的新功能。如此，不仅能丰富我们对双歧杆菌生理功能的理解，还可能为开发新的益生菌产品和治疗策略提供科学依据。未来，双歧杆菌的这些微量成分甚至还有望为人类健康带来更多积极的影响和惊喜。

（一）类维生素

关于类维生素物质或类维生素化合物，虽然很多人认为它们并不是真正的维生素，但它们的活性与维生素非常类似。

它们就像维生素家族中的隐秘成员，在我们身体里悄悄地发挥作用，帮助我们维持健康。它们虽然并不是经常出现在聚光灯下，却会给我们的身体健康做出重要贡献。

（二）脂磷壁酸和壁磷壁酸

1. 脂磷壁酸

脂磷壁酸是一种位于细胞膜上的两亲性物质，是益生菌与宿主间相互交流的关键分子，是革兰阳性菌细胞壁的重要组成成分和重要的表面抗原，有助于维持细菌膜稳态和毒力。

植物乳杆菌 K8 的脂磷壁酸，可以抑制肿瘤坏死因子 $-\alpha$ 和白细胞介素 -6 的产生，可以高效减弱肠上皮细胞中由致病菌诱导的炎症反应，可以激活树突状细胞和 T 细胞，提高机体免疫力，甚至加速骨愈合并增强动态骨的形成。

2. 壁磷壁酸

壁磷壁酸在细胞质中生物合成然后向外翻转，直接在细胞外部合成。单

个分子会通过磷酸基连接形成长链，然后这些链会以共价连接到肽聚糖上，就是壁磷壁酸。

脂磷壁酸和壁磷壁酸就像双歧杆菌的"护城河"，构成了双歧杆菌的"细胞壁"，有助于保证双歧杆菌在肠道这个复杂的环境中生存下来。美国科学家研究发现，脂磷壁酸和壁磷壁酸具有很好的抗肿瘤和抗衰作用。

（三）小分子肽

在科学界的定义中，肽是由 2 个或 2 个以上的氨基酸，通过肽键巧妙连接而成的化合物。这些氨基酸就像一块块积木，通过肽键相互绑定，构建出各种奇妙的结构。

根据氨基酸的数量，肽可以分为几个不同的类别。由 2~10 个氨基酸组成的，是小肽；由 10~50 个氨基酸联手打造的，则是多肽；由 50 个以上氨基酸组成的，就是蛋白质。

小分子肽，名字虽然不起眼，但它却是氨基酸和蛋白质之间的桥梁。它的分子量比蛋白质小，却比氨基酸大，就像是生物体内的"黄金比例"。它在人体内发挥着重要的生理功能，是蛋白质功能片段和结构片段的完美结合。

已知研究发现，小分子肽的营养吸收机制至少具有以下特点。

（1）蛋白质在消化道中的消化终产物多数是小分子肽，而小分子肽能完整地通过肠黏膜细胞进入人体循环，不需消化，可以直接被吸收。

（2）小分子肽比氨基酸能够更容易、更快地被机体吸收利用，且不受抗营养因子的干扰，耗能低，载体不易饱和。

（3）与游离氨基酸相比，小分子肽的吸收不仅迅速，而且吸收效率高，几乎全部被机体吸收。

（4）小分子肽在肠道中不易进一步水解，能被较完整地吸收进入血液循环，直接参与组织蛋白质的合成。此外，肝脏、肾脏、皮肤和其他组织也能完整地利用小分子肽。

（5）小分子肽的转运机制与氨基酸的转运机制有很大不同，小分子肽在吸收过程中，不存在与氨基酸转运相互竞争载体和拮抗的问题。

（6）小分子肽可以使机体摄入的氨基酸更加平衡，提高机体蛋白质的合成效率。

（7）以小分子肽与氨基酸的混合物形式吸收，是人体吸收蛋白质营养的最佳吸收机制。

（8）小分子肽可与钙、锌、铜、铁等矿物离子形成螯合物，从而提高可溶性，有利于机体的吸收。

（9）小分子肽可以促进肠道黏膜结构和功能的发育。小分子肽可优先作为肠黏膜上皮细胞发育的能源底物，有效促进肠黏膜组织的发育和修复，从而维持肠道黏膜的正常结构和机能。

（10）小分子肽是双歧杆菌体内的"隐形战士"，体积虽小，但能量巨大。它们在肠道中穿梭，执行各种任务，比如调节免疫、促进消化，甚至还能影响我们的情绪。它们就像是肠道中的"精灵"，默默地为我们的健康施展魔法。

总之，类维生素、脂磷壁酸、壁磷壁酸和小分子肽等微量成分就像是肠道中的宝藏，等待着我们去发掘。随着科技的进步，我们将对双歧杆菌更多的微量成分进行深入研究，相信我们对双歧杆菌的认识会不断加深。也许有一天，我们会发现双歧杆菌中的某种成分能够治愈某种疾病，使其成为我们健康和长寿的"秘密武器"。

第九章　肠道健康：双歧杆菌与其他微生物保持平衡

作为肠道微生物群中的重要组成部分，双歧杆菌与其他微生物共同维持着肠道微生态的动态平衡。肠道微生态的平衡对于维持宿主的健康状态至关重要，包括免疫功能、营养吸收和代谢健康等。

减缓双歧杆菌占比的衰减速度，可以采取多种措施。首先，均衡饮食，增加含有丰富的双歧杆菌益生元的食物摄入，如全谷物、特殊的蔬菜，为双歧杆菌提供适宜的、营养丰富的生长环境。其次，进行适量的体育活动，养成良好的生活习惯，也有利于维持肠道健康。此外，适当补充益生菌和益生元产品，有助于恢复和维持肠道微生物群的平衡。

综上所述，通过科学的生活方式和合理的饮食调整，就能在一定程度上减缓双歧杆菌占比的衰减速度，保持宿主的年轻和健康状态。

一、肠道小镇的"权力游戏"

肠道里的"权力游戏"，其实就是双歧杆菌与其他微生物之间的动态平衡。

肠道是一个热闹非凡的"小镇"。双歧杆菌是这里的"长期居民"，它们和其他微生物和睦相处，共同维护着这个人体小镇的和谐。一旦细菌和病毒开始涌入，双歧杆菌的领地就会逐渐被侵占，它们的数量也会慢慢减少。

双歧杆菌的常见种类有：两歧双歧杆菌、长双歧杆菌、婴儿双歧杆菌、乳双歧杆菌、短双歧杆菌、青春双歧杆菌等。

1. 两歧双歧杆菌

两歧双歧杆菌是一种革兰氏阳性的厌氧菌，通常为短杆状或不规则形状，在菌落形态和生长状况上与其他双歧杆菌相似。生长在不同的培养基上，其形态、大小和比例也都不同。在某些情况下，两歧双歧杆菌还可以形成长链状结构。

两歧双歧杆菌是一种非芽孢形成菌，且不具有运动性。一项针对53名慢性肝病患者的临床试验发现，两歧双歧杆菌是能成功防止小肠细菌过度生长的益生菌之一。同样，在一项针对66名酒精性肝损伤患者的试验中，它与植物乳杆菌的组合，可以恢复肠道菌群的稳态。在另一项试验中，两歧双歧杆菌与嗜酸乳杆菌结合也有助于肠道菌群的恢复。

在自然环境中，两歧双歧杆菌存在于人类和其他动物的肠道中。婴儿、儿童和成人的肠道中都可能含有两歧双歧杆菌。该菌种可以参与人体的肠道物质代谢，维持肠道微生态平衡，提供肠道营养，抑制有病原性和潜在病原的细菌生长。

两歧双歧杆菌具备利用多种碳水化合物进行代谢的能力，从而获得所需的能量以支持其生长。此外，该菌还能合成多种多糖，如多糖肽、多糖类等，产生多种氨基酸和其他代谢产物。

两歧双歧杆菌的益生作用如下。

（1）治疗慢性腹泻。如今，许多国内医院已将两歧双歧杆菌制剂作为治疗慢性腹泻的首选药物。两歧双歧杆菌通过促进生长，会增加肠道中有益菌的数量，进而扶植原籍菌，提高机体定植抗力，有利于拮抗致病菌和条件致病菌的定植。两歧双歧杆菌有助于治疗大量使用抗生素导致的伪膜性肠炎。

（2）保护肝脏。人体肠道的有害菌会将产生的毒素并释放到血液中，严重损伤肝脏功能。服用两歧双歧杆菌制剂，有助于抑制产生毒素的有害菌，有助于肝病患者的治疗。

（3）防治高血压和动脉粥样硬化。人体血液中胆固醇含量太高，会引发动脉粥样硬化和高血压。两歧双歧杆菌等有益菌可以影响胆固醇的代谢，将胆固醇转化为人体不吸收的类固醇，降低血液中胆固醇的浓度，预防高血压和动脉粥样硬化等病症。

（4）为机体提供营养。在人体肠内发酵后，两歧双歧杆菌可以产生乳酸和醋酸，提高钙、磷、铁的利用率，促进铁和维生素D的吸收。两歧双歧杆菌发酵乳糖产生的半乳糖，是脑神经系统中脑苷脂的主要成分，与婴儿出生后脑的迅速生长有密切关系。两歧双歧杆菌可以产生维生素 B_1、维生素 B_2、维生素 B_6、维生素 B_{12} 及丙氨酸、缬氨酸、天冬氨酸和苏氨酸等，这些都是人体必需的营养物质，对于人体具有不容忽视的作用。

2. 长双歧杆菌

长双歧杆菌的主要作用如下。

（1）长双歧杆菌不仅可以改善腹泻或便秘等肠道菌群紊乱症状，还能有效保护肝脏。经常使用长双歧杆菌，就能促进人体对乳糖的消化，促进身体健康。如果经常腹泻或便秘，就可以规律地使用长双歧杆菌进行治疗。

（2）长双歧杆菌是母乳喂养婴儿肠道中最丰富的双歧杆菌种类之一。人体肠道内的双歧杆菌数量，会随着年龄的增大而减少，种类也会逐步发生变化：初期以婴儿双歧杆菌和短双歧杆菌为主要优势菌，后转变为青春双歧杆菌和长双歧杆菌。目前，长双歧杆菌被广泛应用在食品、药品、饲料等领域。

（3）长双歧杆菌是益生菌类保健食品中的重要菌种。市场中含有长双歧杆菌的保健食品在 30 种以上，保健功能主要集中于增强免疫力和调节肠道菌群；产品剂型主要有粉剂、颗粒剂、冲剂、胶囊、液体乳、饮料和口服液。其中，粉剂、颗粒剂、冲剂类产品应用最广泛。

（4）长双歧杆菌是微生态活菌制剂的重要原料。含有长双歧杆菌的微生态制剂主要有双歧杆菌乳杆菌三联活菌、双歧杆菌四联活菌，产品剂型以胶囊、片剂为主，可以用来治疗肠道菌群失调引起的轻中型急性腹泻、慢性腹泻、便秘、消化不良及腹胀。

（5）长双歧杆菌还被广泛运用在奶牛、猪、鸡等的饲料中。长双歧杆菌可以提高奶牛乳脂肪率，减少猪的腹泻次数，提高鸡的存活率等。

长双歧杆菌的益生作用如下。

（1）改善肠易激综合征。肠易激综合征与肠道动力异常、脑肠调控异常、内脏感觉异常、精神心理问题等有关，虽然发病机制尚未明确，但肠道感染是诱因。特定菌株的长双歧杆菌的结合可以有效逆转肠道菌群的失调，调节免疫活性，恢复肠道环境。

（2）改善免疫相关疾病。自身免疫疾病是指机体对自身抗原发生免疫反应而导致的自身组织损害。而长双歧杆菌可以调控肠道免疫系统、缓解免疫相关疾病，具体机制主要与其代谢产物胞外多糖、结构物质肽聚糖及脂磷壁酸有关。长双歧杆菌胞外多糖，是释放到细胞外渗透到培养基中的多糖，能够调节机体免疫力，是一类效果优良的免疫调节剂，与抗氧化剂、抗癌剂、免疫调节剂和降胆固醇活性都相关，在机体免疫调节中发挥着关键作用。

（3）改善过敏症状。过敏反应是指已产生免疫的机体再次接受相同抗原刺激时，发生的组织损伤或功能紊乱。引起过敏反应的抗原包括食入性、吸入性等多种来源。婴幼儿主要以食乳为主，由于其肠道免疫屏障发育不成熟，因此易发过敏性腹泻等免疫反应。

（4）改善结肠炎。结肠炎是一种累及直肠、结肠黏膜和黏膜下层的非特异性炎性肠病。长双歧杆菌可调节免疫，有效缓解结肠炎。

（5）润肠通便。研究表明，乙酸、丙酸等有机酸会直接刺激肠壁神经，加快肠道蠕动。乙酸是微生物的主要代谢产物。一旦肠道内乙酸的浓度增加，肠管内渗透压就会增大。这会导致肠道内水分吸收增加，进而增加粪便质量和润滑度。这些变化使得粪便更容易在肠道内运输与排出。

3. 短双歧杆菌

短双歧杆菌是一种革兰氏阳性、无芽孢、无运动、专性厌氧细菌，具有多种形态特征，包括短杆、分叉 Y 形杆、V 形杆等。短双歧杆菌在不同营养环境下存在差异，最适合生长的温度是 35~40℃，pH 值是 6.5~7.0。气温低于 25℃或高于 45℃，pH 值高于 8.5，短双歧杆菌不生长。

短双歧杆菌的优势和作用如下。

（1）促进营养物质代谢和吸收。短双歧杆菌不仅自身能够合成多种营养物质，促进机体的营养合成和吸收，还在人体肠道菌群中发挥着重要作用。

（2）改善便秘。研究表明，短双歧杆菌可以改善便秘问题，能够分解肠道中不易分解的麸皮、纤维素、半纤维素、果胶、低聚果糖和低聚半乳糖等碳水化合物，产生短链脂肪酸（SCFA），促进肠道蠕动，刺激肠道黏膜，有效改善便秘。

（3）缓解乳糖不耐受性。短双歧杆菌耐受胆盐，在肠道中存留活性高。它能够发酵乳糖，产生乙酸和乳酸，降低肠道负担，缓解乳糖不耐受引起的腹泻、腹痛等问题。

（4）改善阿尔茨海默病。摄入短双歧杆菌有助于改善阿尔茨海默病症状。研究人员发现，摄入短双歧杆菌能增强线粒体功能，提高代谢能力，进而加强脑储备能力，并降低 T 蛋白和 β–淀粉样蛋白水平，减缓和改善阿尔茨海默病症状。

4. 乳双歧杆菌

乳双歧杆菌拥有良好的肠道表现，可以很好地黏附于人体上皮细胞上，能高度耐受模拟肠道环境下的酸和胆汁盐。

乳双歧杆菌的益生作用如下。

（1）改善便秘。便秘是一种常见的肠道疾病，不仅影响人们的身心健康，还会给人们的工作和生活带来困扰。与相关药物相比，乳双歧杆菌等益生菌可以通过其对肠道微生物群及其代谢产物、中枢和肠道神经系统以及免疫系统的影响，促进肠道运动和改善便秘症状。乳双歧杆菌是一种肠道益生菌，可以促进消化、维持肠道菌群平衡。

（2）调节肠道菌群。乳双歧杆菌可以将大量难消化的低聚糖代谢为乳酸和乙酸，改善肠道菌群环境及粪便黏稠度，其制剂已被用于多种顽固性腹泻的治疗，对改善肠道疾病有重要作用。其生理功能对缓解便秘和肠道功能障碍有一定的意义。

（3）治疗过敏性鼻炎。乳双歧杆菌是治疗季节过敏性鼻炎的有效方式。过敏性鼻炎的发病机制是，血清中的白细胞介素 –10 水平升高，血清中的免疫球蛋白 E 等抗过敏成分水平降低。乳双歧杆菌可以调节血清中白细胞介素 –10 的水平，减轻患者过敏性鼻炎的症状。

（4）调节免疫、改善肠易激。乳双歧杆菌可以促进机体免疫调节。研究发现，口服乳双歧杆菌，可不同程度地提高免疫，抑制机体的特异性及非特异性免疫应答调控能力。

（5）缓解乳糖不耐受。利用乳双歧杆菌对牛乳进行发酵制成的发酵酸乳，可以有效缓解乳糖不耐受。

5. 青春双歧杆菌

青春双歧杆菌是人体益生菌的一种，主要存在于 16 岁至 45 岁的人体肠道内。研究指出，青春双歧杆菌对慢性腹泻、便秘、增强免疫力与平衡肠道微生态都有显著帮助。尤其在增强肠黏膜屏障功能和增加免疫细胞方面，青春双歧杆菌表现得更加优秀，难以被其他益生菌取代。

青春双歧杆菌的存在时期，正是人体最具活力的时期。足量的青春双歧杆菌，可以有效控制人体肠道内的菌群平衡，具有以下作用：可以产生乙酸和乳酸，抑制致病菌的有害发酵，促进肠胃蠕动，使人体正常排便；能对外来致病菌产生拮抗作用，使外来致病菌无法定植在肠道内；能够有效分解乳糖，保证人体对乳糖的吸收；能够保护人体细胞免受致癌物质的损害；能够保护人体肝脏和心脑血管；能够提高人体免疫力。

青春双歧杆菌不仅可以调节肠道正常菌群，改善腹泻和便秘等症状，还对人体其他系统的健康有积极影响。比如，青春双歧杆菌可以降低血清胆固醇水平，减少患心血管疾病的风险；可以增强肠道屏障功能，减少过敏反应的发生，改善湿疹、哮喘等过敏性疾病。

二、双歧杆菌与肠道年轻化

随着"老龄化"危机的加剧，双歧杆菌数量减少，肠道活力下降，健康和年轻的状态也开始慢慢消逝。其实，只要采取正确的措施，肠道就不会立刻走向衰老。

一般来说，70 岁以后的老人，其肠道内的双歧杆菌数量占比不足 1%，大量的中性菌和致病菌迅速增加。

（一）肠道的断崖式衰老

断崖式衰老是指在短时间内突然出现明显的衰老迹象。

断崖式衰老通常与多种因素有关，包括环境污染、生活压力突增、不良的饮食习惯、缺乏运动等，这些因素会导致身体细胞受损、肠道老化，进而导致身体机能下降和外表的突变。

衰老是一个循序渐进的过程，《自然医学》杂志的一项研究发现，衰老并不是匀速发生的，可能存在突然的"量变到质变"的生理转折点。比如，20多岁时，怎么吃也不胖，即使熬夜追剧、玩游戏，也容易恢复身体状态。但30岁后，身体明显不能支持"肆意"地过度透支，同时体检各项指标也开始出现异常，患各种疾病的风险开始增加。从35岁开始，细胞外基质相关的蛋白质大量减少，而细胞外基质的代表之一就是我们熟悉的胶原蛋白。随着胶原蛋白的流失，脸部肌肉开始塌陷，皮肤开始松弛。

同时，随着年龄的增长，肠道菌群开始老化，逐渐失衡，导致肠道神经功能下降、黏膜屏障功能减弱等，继而引发消化不良、便秘、腹胀、肠道炎症等问题。肠道自有功能的衰退会让身体机能代谢出现氧化应激反应，即自由基增加，加速衰老的进程。

（二）肠道"年轻态"的重要性

"人老肠先衰"深刻揭示了肠道在人体健康中的重要地位。

肠道就像人体健康的一面镜子。当肠功能开始衰老时，肠内的有益菌就会减少，有害菌增多，肠道的屏障功能减弱，肠道内的毒素和废物不能及时排出体外，继而对人体健康产生负面影响。此外，年龄是一个独立的危险因素，老年人群更易发生微生态失调。肠道菌群失调，会导致肠道疾病、免疫疾病、代谢疾病等。

调节肠道微生态不仅可以延缓衰老，还能有效防治疾病，提高生活质量。

（三）有益菌的占比是"肠道年龄"的评判标准

所谓"肠道年龄"，主要是指肠道内各种细菌的平衡程度，可用来预测肠道的老化状态以及现代生活疾病的发病概率。"肠道年龄"的判断标准就是有益菌的比例，即有益菌比例越高，肠道就越年轻。

肠道是人体内最大的储菌库，有超过100万亿个细菌，种类有数千种，总数是人体自身细胞的10倍，重达1.5kg。如果将这些细菌排列成行，长度能绕地球两圈半。这些菌群的生态稳定十分重要。

胎儿时期，肠道是无菌的；婴儿时期，双歧杆菌等有益菌的比例高达90%以上；青少年时期保持在50%左右；中年时期，则下降至大约30%以内；60岁以后一般只有3%~7%。随着双歧杆菌进一步减少，有害菌增多，菌群失调，产生的毒气会加速肠道老化，引发长期便秘、大便异味和肠胀气等问题，导致起夜次数增加，睡眠质量变差，免疫能力迅速降低。

研究发现，长寿老人肠道中的双歧杆菌是普通老人的200倍，而普通健康老人又是患病老人的50倍。补充双歧杆菌可以延缓衰老，让老年生活更有品质。

因此，肠道年龄与人体健康状态密切相关。肠道中有益菌的占比是判别肠道年龄的标准。拥有相对年轻的肠道，可以大大延缓衰老。

（四）菌群代谢物与衰老关联密切

1. 短链脂肪酸

短链脂肪酸可以为共生微生物、免疫细胞和结肠上皮提供能量，并诱导黏液的产生。此外，短链脂肪酸还可以通过直接刺激免疫细胞，调节免疫反应。

短链脂肪酸由许多菌群与共生菌群协同工作产生，并发挥相应的功能。例如，丁酸盐可改善肠上皮细胞的屏障功能，保护它们免受通过激活缺氧诱导因子1α引起的艰难梭菌毒素损伤。

在老年人中，碳水化合物发酵产生的短链脂肪酸水平降低，而蛋白质发酵产生的代谢物（支链脂肪酸、氨和酚类）增加。这就意味着：从糖酵解发酵转变为不利的蛋白水解活动，会随着老年人年龄的增长而逐渐发生，且使用抗生素或低纤维饮食可能加速生态失调。短链脂肪酸水平的降低，会提高人体对中性致病菌和病原体的易感性。

2. 梭菌簇、双歧杆菌和其他菌群

梭菌簇、双歧杆菌和其他与健康相关的菌群，可刺激肠上皮细胞诱导黏液产生，有效保护肠道屏障完整性，支持其他有益共生体。因此，其数量的减少，会导致肠道菌群失调并损害肠道上皮完整性，从而增加肠道渗漏和全身性内毒素血症。

总之，老年人肠道中双歧杆菌属的丰度显著降低，说明炎症增加与衰老相关的发病率和死亡率密切相关。

（五）肠道菌群可能是抗衰老的关键

肠道微生物群是人体内的一个重要微生物生态系统，包括细菌、病毒、真菌等多种微生物。这些微生物不仅可以维护消化道健康与免疫功能，还可以对抗衰老。

除此之外，肠道菌群在食物的消化与吸收过程中发挥影响，并影响到机体对营养的利用。健康的肠道菌群有助于保持正常的代谢活动，减少患慢性病的风险，有助于延缓衰老。

只有肠道年轻化，才能促进营养吸收、肌肤光滑、心情大好，使五脏六腑都处在良性的工作中。那如何才能保持肠道年轻化呢？方法之一就是食补活双歧杆菌。此外，一些食材也有助于间接补充双歧杆菌。

1. 黑木耳

黑木耳是肠道减龄最出色的"钟点工"，其中所含有的植物胶质有很强的吸附能力，可以在短时间内吸附残留于肠道内的不健康物质，比如灰尘与杂质，并将其集中起来排出体外，起到清洁血液和"洗涤"肠道的作用。

凉拌法就可将黑木耳的营养发挥到最佳：把泡发好的黑木耳手撕成小片，并将青红椒和胡萝卜切丝，与黑木耳一起焯熟，晾凉后依照个人口味添加调味料，均匀搅拌即可。

2. 糙米

糙米中含有丰富的 B 族维生素、维生素 E，能有效提高人体免疫力，促进血液循环，为肠道输送源源不断的能量。此外，其中的钾、镁、锌、铁、锰等微量元素，可以促进肠道有益菌增殖，预防便秘和肠癌。具体吃法为：将糙米洗净，在清水中浸泡两个小时后，沥干备用；将小排骨、虾米、糙米放在锅里，加 8 杯水同煮成粥，再均匀撒上胡椒粉。每星期喝 2 次，即可保证肠道吸收糙米中含有的润肠素。

3. 低温酸奶

益生菌在肠内无声无息地"繁衍",可以协助肠道抵抗有害菌。但随着年龄的增长,肠内的益生菌逐渐减少,也会加速肠道的老化。唯有适量补充益生菌,才能筑起维护肠道均衡的天然防线。

4. 花生

花生对于强健肠道有很好的效果。这是因为花生入脾经,有养胃醒脾、滑肠润燥的作用。而且,其中独有的植酸、植物固醇等特殊物质,也会增加肠道的韧性,不断增强肠道抵抗外界侵扰的能力。

三、通过健康饮食维护双歧杆菌占比

如果将身体比作一座精密运作的机器,双歧杆菌就是让机器保持最佳性能的润滑剂。当双歧杆菌占比适中时,身体机器就能保持高效运转,而器官的衰老速度也会变慢。

双歧杆菌是益生菌中的佼佼者,它们在肠道中辛勤工作,不仅维护着肠道的健康,还能通过一系列复杂的生物化学反应,给身体安装一个强大的防衰系统,让身体各器官更慢地衰退。

(一)补充双歧杆菌的作用

随着时间的流逝,肠道内的双歧杆菌慢慢减少。这时,补充双歧杆菌就能提高双歧杆菌在肠道内的占比,给身体注入新的润滑剂,让身体重新焕发活力。

第一,补充双歧杆菌可以提高双歧杆菌在肠道微生物群中的占比。双歧杆菌作为肠道微生物群中最重要的有益菌,其占比的维持与宿主的健康和寿命密切相关。科学研究表明,双歧杆菌的丰度与肠道健康状态正相关,它们通过多种机制参与维护肠道屏障的完整性、促进免疫调节、影响代谢过程,从而对减缓身体器官的衰老过程起到积极作用。

第二,补充双歧杆菌提高双歧杆菌在肠道微生物群中的占比,有助于提高身体素质。双歧杆菌的摄入,尤其是在饮食和生活方式调整的基础上,可能对促进肠道微生态的平衡、提高宿主的生活质量有正面影响。

（二）如何减缓双歧杆菌的衰减速度

为减缓双歧杆菌的衰减速度，我们可以采取一些策略。

第一，提供更多的"益生菌食物"，比如双歧杆菌的益生元。这有助于为双歧杆菌补给能量，帮助它们增强实力，抵御外来侵略。

第二，减少不良微生物的食物来源，比如过多的糖分和加工食品，不给坏菌增肥，不让坏菌变得更加强大，以便让双歧杆菌保持优势，继续在肠道中占据主导地位。

第三，为了实现通过补充双歧杆菌提高身体素质的目标，要采取个性化的益生菌干预策略。

1. 植入大量的益生菌

可选用酸奶、乳酸菌饮料，或直接补充双歧杆菌。市场上的酸奶品种众多，要想选择适合自己的酸奶，就要注意以下事项。

如果你以补充益生菌为目的，那可以选择低温酸奶。低温冷藏的酸奶不仅含有对人体有益的代谢产物，还含有活菌，保质期一般在一个月以内。相较于低温酸奶，常温酸奶多了一道杀菌工序，除含有乳酸菌发酵的代谢产物外，并不含有活菌，保质期可达 6 个月。所以，为了补充益生菌，建议选择低温酸奶。

读懂食品标签，选择合适菌种。仔细阅读酸奶配料表就会发现，不同酸奶的菌种差别比较大。我们要尽量选用含中国本土菌种的酸奶，因为这些菌种更加适合中国人体质及肠道特征，在肠道内更容易存活、繁殖，且可以平衡肠道菌群。

建议每日摄入 300mL 酸奶。饮用时间为饭后两个小时内。

为了保证益生菌的活性和数量，饮用酸奶时不要加热，并且要在酸奶离开冰箱半小时内饮用。

2. 补充低聚糖

低聚糖被称为"双歧杆菌因子"，不会被人体消化酶分解，可通过胃部和小肠直达大肠，被双歧杆菌分解利用，促进双歧杆菌繁殖。

调节肠道菌群时，低聚糖的优势也不可忽视，原因有三：一是利用率高，不会被机体分解利用，专为菌群准备；二是针对性强，只会增加有益菌的繁殖，抑制有害菌繁殖；三是食用方便，既耐低温又耐高温，可拌入冷饮服用，也可作为甜味剂加入烘焙制品食用。

目前市售的低聚糖主要有四种成分：乳果低聚糖、低聚果糖、低聚半乳糖、低聚异麦芽糖。购买时，需认清标签。

3. 养成良好的饮食习惯

日常生活中，要多吃一些含有丰富的维生素、矿物质的食物，少吃辛辣刺激的食物。

（1）泡菜类。泡菜中的微生物种类数以千计，有些微生物能抑制消化道病菌，使肠内微生物的分布趋于正常化，有助于食物的消化和吸收。在蔬菜发酵的过程中，酱汁中的蛋白质会被分解为氨基酸；同时，发酵过程还能产生大量的乳酸菌，有助于调节肠道菌群失衡。

（2）发酵面食。比如，做面粉类发酵食物时，微生物分泌的酶能裂解细胞壁，提高营养素的利用程度。微生物还能合成一些 B 族维生素，尤其是维生素 B_{12}。动物和植物自身都无法合成维生素 B_{12}，只有微生物才能生产。

（3）水苏糖。人体内的益生菌比较喜欢低聚糖类的食品。健康人每天摄取 3g 低聚糖，就能促进双歧杆菌生长，促进通便和肠蠕动，加速排泄。低聚糖的水苏糖，是一种有益菌补充食物，可促成双歧杆菌等益生菌倍速增殖，有抑制有害菌增长，调节微生态菌群平衡的功能。

（4）要适当饮水。水是生命的基础，不仅是体内营养物质和废物运输的介质，还参与许多生理功能，如调节体温、润滑关节等。饮用当地天然水，除可满足基本的水分需求外，还能补充一些微量营养成分，如矿物质和微量元素。这些成分对维持机体电解质平衡和生理功能发挥着重要作用。尤其是对于肠道而言，这些微量营养素可能有助于促进双歧杆菌等益生菌的生长和活动，从而增强肠道屏障功能，抑制有害细菌的生长，维护肠道微生态平衡。因此，选择当地天然水源作为饮用水，比经过加工处理的瓶装水和桶装水更有益于身体健康和肠道菌群的平衡。然而，值得注意的是，饮用天然水需要确保水源未受污染，以免摄入有害物质。

四、运动与双歧杆菌的相互作用

适当的运动可以给肠道带来新鲜的空气和活力，促进肠道蠕动，帮助双歧杆菌更好地发挥作用。一项新研究表明，每天坚持运动 15 分钟，既能显著增加肠道微生物，又能促进人体产生内源性大麻素、介导抗炎物质，减轻甚至治愈炎症。

（一）运动会影响肠道菌群

运动会调节人体免疫系统，并对激素类物质产生持续性影响，继而引发肠道菌群结构的改变。运动对肠道微生物的影响如下。

首先，运动可以调节肠道菌群，促进短链脂肪酸分泌，促进抗炎因子白细胞介素 –10 的增加，降低脂多糖诱导产生的相关炎症因子，从而提高机体组织的抗炎能力，促进个体健康。

其次，运动介入肠道菌群不仅可以促进短链脂肪酸的产生，还能提高胆汁酸分泌，激活人体器官中的核激素法尼醇 X 受体和 G 蛋白偶联受体，调节机体脂质、葡萄糖和能量代谢，促进机体各组织能量代谢吸收与稳定。

最后，运动介入肠道菌群，可以改变乳杆菌与双歧杆菌的丰度，调控抗氧化酶，如超氧化物歧化酶、过氧化氢酶及非酶系统谷胱甘肽的活性，从而调控或消除氧化应激，预防病原体入侵，改善肌肉组织损伤。

（二）肠道菌群反作用于运动

不仅运动会影响肠道菌群的多样性和组成，肠道菌群也会反过来对运动表现、恢复和疾病模式的指标造成影响。这种影响主要体现为分泌各种相关免疫因子、活化机体大脑中小胶质细胞，进而影响与运动相关的神经元，最终影响机体的运动能力。

新加坡南洋理工大学一项研究发现，肠道中的微生物有助于肌肉生长，提高肌肉功能，干预与年龄相关的骨骼肌丧失。另一项研究显示，健康的肠道菌群可以将食物中的某些物质转化为具有代谢活性的调节因子，影响肌肉功能，提高运动能力。

（三）运动促进肠胃蠕动

运动能促进肠胃蠕动，增强肠道动力，从而提高吸收及排空能力，有助于排出肠道内的有毒气体等废物。这个过程有时表现为打嗝，有时表现为放屁，这都是肠道的正常反应，是身体在将多余的气体排出来。因此，在日常生活当中，我们可以通过一些运动来促进肠道蠕动。

1. 跪姿前倾

双膝跪地，从膝盖到脚趾都接触地面，上半身保持直立，双手自然下垂。缓慢坐下，直到身体完全压在脚踝上，双手自然放在膝上，保持正常呼吸。保持该姿势约 30 秒，放松后再将上半身向前倾。重复做 3~5 次。该动作不仅有助于消除胀气、缓解肠道综合征（如肠道痉挛、腹泻等），还可强化大腿肌肉。

2. 伏地挺身

俯卧（趴在床或地板上），全身放松，前额触碰地面，双腿伸直，双手弯曲与肩平放，手肘靠近身体，掌心向下。双手支撑，抬起头、胸部，双腿接触地面，直到感觉胸腹完全展开。保持该姿势约 10 秒钟。重复做 3~5 次。这能消除胀气、解除便秘、锻炼背肌，对脊椎矫正也有一定的帮助。

3. 俯卧抬腿

俯卧的时候，轻抬下巴深吸气，并抬高一条腿，另一条腿保持水平。保持此姿势几秒钟，然后呼气，放下腿。换条腿重复做一遍。此锻炼可促进坐骨神经的血液循环，有助于缓解腹胀、消化不良、便秘等问题。

（四）运动促进营养吸收

运动可促进蛋白质吸收，充分发挥营养膳食的作用。老年人进行适量运动，不仅能保障其健康，尤其能更好地维护肌肉功能、促进营养的消化吸收，还能改善心理健康、提高老年人的自我生活能力、改善免疫功能等。

1. 有氧运动

在做好防护和安全措施的情况下，可以在房间或阳台上行走、做操等；也可去空旷人少的地方。

2.抗阻运动

肌肉是机体蛋白质的储存器官，与营养状况、营养贮备密切相关。若要锻炼上肢肌肉，可以举哑铃，或自己认可的负重物如矿泉水瓶等；若要锻炼下肢肌肉，可做下蹲、爬楼梯或用弹力带等辅助工具。

3.柔韧性运动、平衡运动

若要锻炼平衡性和柔韧性，可适当做些瑜伽、跳舞、太极、舞剑等运动。此外，衰弱或半失能者，可在专人看护下借助辅助器材做一些运动。

需要注意的是：不同人群的运动量存在差异，个体之间的差别也很大，因此运动时要循序渐进，量力而行，确保安全；每天至少运动10分钟，但不强制要求具体的时间长度；重要的是要积少成多，养成积极运动的习惯；有高血压、心脑血管疾病的老人，也可在医师指导下做相应运动；运动前准备工作要充分，包括穿戴合适的衣服和鞋子，确保灯光充足，以及注意周围环境的安全。

（五）运动改善内分泌

运动不仅能够减轻生活压力，还能改善睡眠质量。适当运动能够帮助心脏收缩，提高睡眠质量。运动时，体内血液循环会加速，可以燃烧脂肪，加速新陈代谢，调节内分泌。

内分泌不正常，可能会导致很多健康问题，比如皮肤衰老、长斑；月经不正常等。除了药物和饮食可调节内分泌外，运动也是不错的方法。很多运动都可以帮助女性调节内分泌。下面推荐两种调习内分泌的方法。

1.瑜伽

经常练瑜伽可以舒缓身心，缓解焦虑、紧张等不良情绪，还可以平衡身体的腺体分泌，调节身体与心理，预防和治疗内分泌紊乱。这是特别适合女性的运动方式。

2.跳绳

跳绳是一项适合调理内分泌的运动，尤其适合在没有运动场地的情况下进行，因为在家里就可以跳，而且随时都可以进行。女性经常跳绳，不仅可以减肥，还可以锻炼平衡能力，提高睡眠质量。

（六）运动规律和适度很关键

有规律的、适度的运动对健康有益，而过度的运动，可能对肠道健康和整体健康造成负面影响。中低强度运动可明显增加阿克曼氏菌、乳杆菌、双歧杆菌等益生菌的丰度，从而促进肠道组织稳态，预防或改善相关疾病的发生与发展。

高强度耐力运动对身体的挑战会在大脑中引发警报，产生夸大的压力反应。在一些脆弱的个体中，这些增加的压力信号会导致微肠漏，改变肠道微生物丰度和行为，继而对身体和大脑产生负面影响，最终影响你的健康。

从目前收集到的资料来看，肠道菌群与运动之间存在一个良性循环，即运动会抑制致病菌并使有益菌群得到更好生长，而有益菌群会分泌各种对运动有益的因子，不断提高机体的运动能力。

所以，从现在开始尝试加强锻炼，就能改善我们的肠道菌群，让我们拥有健康的身体。

第十章　双歧杆菌在肠道中的常遇危机

熬夜、酗酒、摄入含有大量添加剂的食品和饮品、作息不规律，以及频繁食用辛辣刺激的食物都属于不良习惯。这些不良习惯会逐渐破坏肠道菌群的平衡。尤其是双歧杆菌，在体内的占比会快速减少，从肠道菌群中的"霸主"地位跌落，引发一系列健康问题，包括焦虑、自闭倾向、便秘、过敏症状，以及免疫力下降。为了维持肠道菌群的健康，我们要努力调整生活习惯，减少不良生活方式的影响，恢复肠道菌群的平衡。

一、熬夜对双歧杆菌的影响

熬夜就像是一场无休止的派对，虽然会让人获得暂时的愉悦，但长此以往，会将双歧杆菌搞得筋疲力尽，数量急剧下降。肠道里的环境不和谐，不受欢迎的坏菌就会趁机作乱，有益菌就会陷入苦战。所以，为了身体的健康，要尽量减少熬夜。

（一）熬夜已成为生活中的新常态

在现代社会，熬夜已经成为许多人不得不面对的现实。在竞争激烈的职场中，很多人为了追求更高的职位和更多的薪资，不得不熬夜加班。而学生为了应对繁重的学业压力，也需要经常熬夜学习。此外，现代社会的娱乐方式也越来越多样化，很多人为了追求更多的娱乐体验，也会选择熬夜。

熬夜会导致肠道产生大量氧化物，如活性氧。活性氧是生物体有氧代谢产生的一类活性含氧化合物的总称，主要包括过氧化氢、超氧阴离子、羟自由基等，不仅会大量破坏 DNA 以及细胞的其他成分，还会摧毁细胞膜，使细胞不能从外部吸收营养，继而导致细胞死亡，使组织器官衰老，甚至诱发心血管疾病、神经性疾病及肿瘤等 200 多种疾病。

睡眠不足和昼夜节律失调会导致肠屏障功能出现障碍及肠道菌群失调，进而引起活性氧在肠道的累积。这种积累容易引起氧化应激和细胞损伤，是机体代谢功能紊乱甚至猝死的关键。一项刊登在国际杂志《细胞》上的研究报告称，长期熬夜的致死原因不在大脑或心脏，而在于肠道氧化物的蓄积。研究人员还通过实验进一步证实，主动清除动物肠道内的氧化物，即使长期熬夜，其寿命也和保持正常作息的动物没有差异。

（二）肠道菌群扮演关键角色

睡眠是人类生命活动的基础。为了深入了解睡眠的奥秘，科学家一直都在研究睡眠，但至今仍有许多关于睡眠的秘密无法解开。众所周知，缺少足够的睡眠，机体就会产生一系列严重的后果，包括罹患慢性睡眠障碍、心脏病、2 型糖尿病、癌症、抑郁症等多种疾病。

肠道不仅会参与多种人类疾病的发生、发展过程，还会影响大脑的活动，甚至可以通过脑 - 肠轴与大脑相互作用。脑 - 肠轴是人体内由大脑、肠道共同构成的系统。大脑、肠道互相以荷尔蒙和神经信息的形式进行沟通，共同调节人的情绪反应、新陈代谢、免疫系统、大脑发育与健康。

睡眠是由大脑调节的一个重要生理过程，而肠道菌群也可能是睡眠机制的关键调节者。实验证明，肠道菌群对睡眠的调节是通过脑 - 肠轴内多种途径的综合作用来实现的。

（三）熬夜是肠道"历劫"的开端

在 20 世纪 80 年代，科学家通过记录人类的睡眠和清醒状态的脑电图，发现了睡眠调节中起主导作用的两个过程：促进睡眠的体内平衡过程、促进觉醒的昼夜节律过程。研究表明，睡眠和昼夜节律是相互交织的，维持睡眠需要适当的昼夜节律和环境，而昼夜节律障碍，可能会改变肠道菌群，继而引发炎症。

此外，肠道微生物的代谢物，比如短链脂肪酸、丙酸和丁酸，也会在一天中有节奏地波动。睡眠紊乱会改变微生物代谢产物，而这些微生物代谢产物又可以反过来影响昼夜节律相关的基因和睡眠情况。

简单而言就是，肠道菌落群与身体昼夜的节奏紧密相连。因此，若想要拥有好的睡眠，必须维持肠道菌落的平衡。

熬夜是肠道"历劫"的开端，原因在于：

1. 熬夜导致便秘

经常熬夜会使肠道功能发生紊乱，影响食物的消化吸收。同时，还会使肠道蠕动减慢，降低粪便的运输效率。这二者的共同作用使得粪便滞留在肠道内时间过长，最终引起便秘。

2. 熬夜易致肥胖

熬夜时，很多人都会吃高油、高盐、高热量的消夜。这种饮食习惯会加重肠道的负担，使消化能力直线下降。再加上热量无处释放，只能堆积在体内转化为脂肪，从而导致肥胖。

3. 熬夜导致抵抗力下降

研究表明，人体的免疫系统在夜间 11 点到凌晨 3 点最活跃。如果这段时间人体没有得到良好的休息，免疫力就会下降，病毒细菌更容易侵害机体，从而产生疾病。

4. 熬夜导致肠道疾病

夜间是肠道进行自我修复的时间。经常熬夜，人体生物钟就容易发生紊乱，加重肠道负担，引发十二指肠炎等消化疾病。严重情况下，还可能发展成肠癌等。

在漫长的"磨合"过程中，肠道微生物已经形成了一套有规律的生理时钟和饮食习惯。如果一个人长时间生活不规律，经常熬夜，可能会引起肠道菌群的紊乱。经常熬夜的人，如果发现自己容易出现口臭、便秘等症状，就要注意了，有可能是肠道菌群失衡。久坐不动的上班族和患有便秘的老人，更应该保持良好的生活习惯，让肠胃蠕动起来。

（四）规律睡眠对身体会有哪些好处

科学家发现，睡眠过程中的大脑并不像曾经以为的那样安静。从准备入睡到睡着，再到醒来，大脑脑电波会经历好几段不同的变化。根据脑电波的特点，整晚的睡眠分为"浅睡眠""深睡眠""快速眼动睡眠"。这 3 个睡眠阶段会循环交替，每循环一次平均是 90 分钟，一晚上又要循环 4~6 次。

对于多数成年人来说，深睡眠约占 20%。在这个过程中，身体会进入修复模式。比如，在深睡眠状态下，人体可以修复肌肉和骨骼系统。另外，深睡眠还能巩固免疫系统功能。研究还发现，深睡眠可以调节葡萄糖代谢。

"快速眼动睡眠"大概占睡眠时间的 25%。顾名思义，在这个睡眠阶段，你的眼球会来回快速移动。此外，还容易做非常生动的梦境。同时，为了避免你把梦境给表演出来，肌张力会被"临时管控"起来——四肢骨骼肌张力消失。

研究发现，在这个"爱做梦"的阶段，大脑中处理情绪的结构"杏仁核"会被激活，因此，快速眼动睡眠很可能与情绪处理有关。另外，研究还发现，快速眼动睡眠有助于巩固记忆和学习。在这个阶段，你的大脑会处理每天学到的新知识和运动技能，会选择性地保留一些记忆，同时删除另外一部分。

总体来说，良好的睡眠对身体有三大核心作用：恢复、节约能量和巩固记忆。所以，规律的睡眠作息可以让你在更长远的时间内获得更稳定的睡眠量，从而让每天的状态变得更加稳定。

（五）肠道菌群与睡眠状态之间的"双向奔赴"

在肠道中使用抗生素会打破肠道菌群的失衡，进而引发更大的非快速反应，即眼动睡眠碎片化，睡眠质量也随之下降，而睡眠紊乱又会进一步改变肠道微生物的组成。也就是说，肠道菌群和睡眠之间，只要有一方发生紊乱，就会进入一个恶性循环，两者相互影响，让原本睡不好的人更加吃不好、睡不好。

此外，由于肠道菌群每天都在动态变化，睡眠和肠道之间的关系也可能随着微生物群的变化在一天内的不同时间有所不同。但无论如何，大量研究均表明，肠道菌群与睡眠之间的这种关系是通过脑 - 肠轴进行联系的。

总之，脑 - 肠轴是联系脑与肠道的重要媒介，主要包括脑到肠的下行通路和肠到脑的上行通路，是肠道与脑之间的双向调节轴。肠道菌群主要通过脑 - 肠轴对睡眠产生影响。

（六）慢慢改掉熬夜的习惯

深度熬夜会干扰人体的生物钟，影响免疫系统的功能，同时也可能破坏肠道菌群的稳态，对双歧杆菌的生存环境造成不利影响。缺乏充足的睡眠可能导致肠道屏障功能下降，使得益生菌如双歧杆菌更容易受到病原体的侵害。要想改变熬夜的习惯，可以使用以下一些方法。

1. 制定作息时间表

为了养成规律的生活习惯，可以制定一个合理的作息时间表，并尽可能地按照它生活。制定时间表时，要确保充分考虑到自己的工作和学习任务，以及休息和娱乐的时间。在你养成规律的作息习惯后，你更容易保持清醒和专注。

2. 学会取舍

要解决熬夜问题，首先得解决心理问题，应当把睡眠当成头等大事，让睡眠回归其本身的意义。不要为睡眠焦虑，也不要为白天没做完的事而焦虑。

3. 营造睡前氛围

睡前把灯光调暗。昏暗的环境能促进松果体分泌褪黑素，让人产生睡意。

4. 控制使用电子产品的时间

研究表明，使用电子产品的时间过长可能会干扰睡眠质量，因此需要注意控制电子产品的使用时间。睡觉前一定要避免使用电子产品，以便帮助你放松身心，提高睡眠质量。

5. 适当地锻炼和放松

适当地锻炼有助于增强身体的免疫力和耐力，也可以改善睡眠质量。同时，瑜伽、冥想等活动也能帮助你放松身心，促进睡眠。

6. 保持健康的饮食

保持健康的饮食，对于身体健康和充足的睡眠非常重要。建议选择富含营养的食物，如全麦食品和蛋白质等，同时避免摄入过多的咖啡因和糖类。

7. 寻找其他的娱乐活动

如果经常熬夜是因为娱乐活动太多，可以尝试寻找其他更健康的娱乐活动，例如尝试阅读书籍、听音乐、学习新技能等。这些活动不仅有助于放松身心，也不会干扰你的睡眠。

8. 制止恶性循环

从早起开始，调整起床时间，即使睡得晚，也要在早上七点起床。连续几次在固定时间起床，就会把生物钟调到健康状态。但这只是最简单直接的一种做法，最好养成一到点就感到困倦、想睡觉的习惯，从而保证充足的睡眠时间。为了激励自己早起，可以把一些有意义的活动安排到第二天早上。

二、酗酒对双歧杆菌的破坏作用

酗酒是双歧杆菌的天敌之一。高浓度、大量的酒精就像是一股狂野的龙卷风，席卷肠道，使双歧杆菌的生存环境变得一片狼藉。长期酗酒就像不断地在肠道里进行"拆迁"，让双歧杆菌的生存环境变得支离破碎，生存空间越来越小。

（一）酒精改变肠道菌群的构成

摄入酒精后，肠道中的好氧菌和厌氧菌的数量就会增殖。也就是说，多数肠道微生物具有分解酒精的酶。我们喝下的每一口酒有 80% 会进入肠道。酒精会变成微生物的能源，促进它们繁殖。研究发现，长期摄入酒精，肠道内乳酸杆菌、双歧杆菌属、拟杆菌门和厚壁菌门的数量都会明显减少，而普氏菌科、变形菌门和放线菌门的数量也会明显增加。此外，酒精的摄入会导致肠道 pH 值升高，间接促进变形菌门等肠道病原微生物的过度生长。

肠道菌群是酒精伤肝的主要因素，但个人体内的微生物组成不同，对酒精的反应也不一样。相同的酒精浓度，在不同的初始微生物组成下，最终引起的肠道微生物组成变化也会不一样。也就是说，饮酒之后每个人肠道微生物的反应会不一样，因此酒精对人体的伤害可能跟肠道微生物的组成有关系。

有些人一辈子饮酒，身体仍然健康，这可能是因为其肠道微生物比较均衡，体内擅长处理酒精的微生物比较多，能够迅速把酒精转化为能量吸收，减少酒精对人体的损伤。一些看似非常能喝酒的人，可能本身就具有很强的分解酒精的能力，但由于体内微生物不平衡，有害菌比例较高，且这些菌也很爱喝酒，时间长了，异常的菌群构成也会对他们的身体造成不良影响。

酒精对于肠道微生物来说是能源，但并不是所有肠道微生物都能利用酒精。整体上来说，酒精的摄入会减少肠道有益菌，增加致病菌。

（二）酗酒可不只是伤了肝

酗酒是导致全球慢性肝病和肝病相关死亡的主要原因之一。

酒精依赖通常被认为是一种脑部功能紊乱、大脑奖赏回路等特定脑区各种神经递质及受体的改变，在成瘾发生过程中起着非常重要的作用。

酒精进入肠道后，未经胃和小肠吸收的酒精可能进入结肠，经肠道菌群代谢为乙醛。但是，肠道代谢乙醛的能力较其他组织相对较弱，因此高浓度的乙醛与肠道结构和功能的损害密切相关。

乙醛通过乙醛脱氢酶代谢成乙酸，最后被氢化分解为二氧化碳和水。而当体内乙醇脱氢酶的含量较低时，高浓度的酒精就会直接损害肠道和肝脏，包括肠道屏障损伤、肠道菌群移位、炎症反应增加和产生大量内毒素。

综上所述，长期饮酒会抑制双歧杆菌等益生菌，诱发少数致病菌过度繁殖，从而增加小肠细菌的致病性，不利于维护肠道微生态平衡；可导致肠道菌群数量和种类的变化，激活炎症细胞分泌产生炎症因子，损伤肠黏膜上皮细胞，进而损害肠道屏障功能；乙醇和乙醛会破坏肠上皮细胞间的紧密连接，加重肠黏膜屏障功能损害，导致肠道菌群失衡，减少益生菌数量，进一步损害肠黏膜生物屏障功能。

（三）酒精引发微肠漏

酒精是一种可以自由穿梭于细胞之间的物质，也是一种既能溶于水又能溶于脂类的物质。因此，酒精非常容易破坏肠道黏膜屏障的完整性，引起微肠漏。

在正常情况下，肠黏膜很完整，能够充当很好的肠道屏障。但在过量或长期饮酒时，酒精会溶解一部分肠黏膜，同时酒精代谢产生的乙醛会聚集于肠道，破坏肠壁细胞之间的黏连蛋白，增加肠道的通透性。

此外，酒精还会促进肠道革兰阴性菌的生长，导致肠道里的坏菌大量增加，使肠道内脂多糖等毒素浓度升高。这些毒素随着肠道通透性的增加逐渐进入人体血液循环，激活肝脏及其他器官的炎症反应。

微肠漏是多种疾病的病因，也是阿尔茨海默病和帕金森病等神经退行性疾病的高风险因素。酒精会破坏肠黏膜，侵害血脑屏障，本身还能自由出入血脑屏障，因此，年轻时持续大量饮酒，老年时患上这些疾病的风险非常高。

（四）酒精引起的肠道障碍

肠道也是多数食物消化的主要场所。我们肠道微生物群是 95% 的血清素的来源。血清素对于调节情绪非常重要。当这种平衡被疾病或酒精等因素破坏时，就会出现生态失调，导致细菌的过度生长。

1. 胃酸倒流

饮酒会放松下食道括约肌，而下食道括约肌的作用是防止胃酸倒流进食道。当括约肌被酒精放松时，它就无法正常工作，所以我们有可能在喝酒后出现胃酸反流。偶尔的胃酸反流一般问题不大，但对于经常饮酒过量的人来说，胃酸反流可能会成为一种慢性的严重问题。随着时间的推移，反复的胃酸反流会导致更严重的疾病，比如巴雷特食道或食道癌。在某些情况下，可能需要手术治疗。

2. 腹泻

每个人的肠道里都有"好"细菌和"坏"细菌。饮酒过多会破坏菌群的平衡，增加肠道内引起炎症和刺激的细菌，同时减少有助于消化的细菌。过多的坏细菌会导致"微肠漏"。所谓"微肠漏"就是肠道黏膜细胞产生间隙，可以使许多未分解完成的食物大分子、毒素、坏菌等渗入淋巴液及血液，引发免疫失调，产生许多慢性症状，包括皮肤过敏、鼻子过敏、气喘、头晕、头痛、慢性疲劳、大肠激躁症、自体免疫疾病、肌肉疼痛、关节发炎、忧郁症等。此外，过量饮酒还会导致肠道渗漏，减少肠道吸收能力，增加肝脏中胆汁的分泌，最终导致腹泻。

3. 胃炎

饮酒过多会破坏胃黏膜的分泌功能，导致胃黏膜发炎。这种情况被称为胃炎。

胃炎的症状包括腹痛、恶心和呕吐。反复发作的胃炎会导致更严重的疾病，如溃疡、贫血或胃癌。

4. 腹胀

饮酒会破坏糖的消化和肠道细菌的平衡，还会引起肠道正常真菌多样性的变化，促使念珠菌（一种酵母菌）的过度生长。伴随着这些变化，肠道内会产生更多的气体，引发腹胀。

喝任何类型的酒都可能导致腹胀。然而，与葡萄酒或烈酒相比，啤酒更容易导致腹胀。

5. 损害肝脏

大量饮酒会导致脂肪在肝脏中堆积，这种情况被称为酒精性脂肪肝，或酒精性脂肪肝炎。

肝脏分解酒精时，会产生毒素。这些毒素是酒精消化的副产品，会引起肝脏炎症。此外，当酒精在肝脏中代谢时，它会转化为脂肪并储存起来。酒精性脂肪肝通常是没有症状的，但随着时间的推移，会导致肝功能衰竭、肝癌或肝硬化。所有这些都是可能危及生命的严重疾病。在最严重的情况下，患者可能需要进行肝脏移植手术。不过，通过常规血液检查，可以及早发现酒精性脂肪肝，且这种疾病是可以逆转的。只要我们改变生活方式，如减少或不喝酒，保持健康饮食，增加体育锻炼，将有助于减少肝脏中的脂肪量，改善肝脏健康。

6. 胰腺损伤

大量饮酒也会损害胰腺。胰腺会将酒精代谢成有害的副产物，损害胰管。此外，这些副产物会被释放到消化道的酶积累到胰腺内部，并开始消化胰腺本身，而这会引起非常痛苦的胰腺炎。

酒精引起的胰腺炎最常见于每天喝 4~5 杯酒超过 5 年的人。酗酒和吸烟的人患急性胰腺炎的可能性是普通人的 4 倍。

（四）用益生菌防治酒精性肝损伤

中国人的饮食结构比较单一，喜欢吃些精制淀粉和肉类蛋白，但这样很容易导致肠道菌群的不平衡，出现各种肠胃疾病。为了恢复肠道健康，可以选择一些菌含量较高的产品进行补充，因为丰富的菌类和充足的菌量，可以更有效地促进肠道健康。

优质的益生菌能够调节肠道菌群、提高免疫力、缓解甚至抑制炎症。对肝脏而言，益生菌可以减少内毒素和其他对肝脏有危害的毒性物质，参与脂肪代谢，减少肝脏内脂肪积累，改善酒精诱导肝脏损伤衰老和炎症反应，保护肝脏免受损伤，降低酒精性脂肪肝的发病率。

最新研究表明：补充双歧杆菌可降低血中内毒素和血氨浓度，减轻致病因素对肝脏的损伤，并有效地改善肝脏代谢功能。因为补充双歧杆菌可以帮助代谢分解体内的酒精，有效降低肝脏的代谢压力，减少酒精对身体的伤害和影响，加快醒酒速度；菌株双歧杆菌和嗜酸乳杆菌等能有调节肠道菌群、提高免疫力、缓解甚至抑制炎症的作用。

此外，补充双歧杆菌还能调节肝脏内的基因表达，包括参与脂肪合成及分解的相关基因、肝脏细胞凋亡的基因等，减少肝脏内脂肪积累，保护肝脏免受损伤，包括肝炎引发的肝损伤，尤其是喝酒后造成的肝损伤。

三、添加剂对双歧杆菌的挑战

将添加剂运用在食品工业中，可以改善食品的口感、色泽、保质期等。然而，长期且大量食用某些添加剂，却可能对人体健康产生不利影响。科学研究表明，某些添加剂可能会破坏肠道微生态平衡，对益生菌如双歧杆菌产生负面影响。

双歧杆菌是肠道中重要的有益菌群，对维持肠道健康、增强免疫力、净化血液具有重要作用。添加剂的使用可能导致这些菌群数量减少，影响其正常功能，进而影响机体的健康。

因此，在日常生活中，对添加剂的使用应持审慎态度，倡导合理、科学使用添加剂，同时关注其对肠道菌群的潜在影响。选择添加剂使用较少或无添加的食品，有助于维护肠道微生态的健康，促进双歧杆菌等有益菌群的繁衍，对提高整体健康水平具有重要意义

（一）食品添加剂对肠道健康的影响

根据《中华人民共和国食品安全法》，食品添加剂是指为改善食品品质和色、香、味，以及为防腐、保鲜和加工工艺的需要而加入食品中的人工合成或者天然物质。目前，我国批准使用的食品添加剂有 2300 多种，按功能分为 22 个类别，常见的种类有抗氧化剂、防腐剂、乳化剂、甜味剂等。

不同食品添加剂对肠道健康有何影响？

1. 防腐剂

防腐剂是能防止由微生物所引起的腐败变质，延长食品保质期的食品添加剂。多项研究表明，防腐剂具有优良的抑菌功能，可以有效抑制或杀灭多种细菌、真菌和霉菌等微生物。一些天然来源的食品防腐剂，如乳酸链球菌素和壳聚糖，通过抑制肠道条件致病菌，并促进乳酸杆菌、双歧杆菌等益生菌的生长，可以调节肠道菌群的平衡，进而改善脂质代谢、增强肠道屏障功能，对机体免疫系统产生积极正面的影响。然而，一些防腐剂如苯甲酸、山梨酸和丙酸盐的摄入，可能会降低肠道菌群的多样性，并引发轻度肠道炎症，对机体健康造成影响。

2. 乳化剂

乳化剂是指能改善乳化体中各种构成之间的表面张力，形成均匀分散体或乳化体的物质。由于乳化剂具有消泡、增稠、稳定、润滑和保护等作用，因此被广泛用在烘焙、冷饮和糖果等食品的生产过程中。然而，一些研究表明，长期摄入乳化剂会患上慢性肠道炎症，并表现出代谢综合征的迹象。

这种迹象主要归因于肠道保护机制的特性，即通过多层黏液结构覆盖肠道表面，使多数肠道细菌与肠道上皮细胞保持安全距离。而乳化剂会影响黏液与细菌之间的相互作用，扰乱宿主与微生物群之间的动态平衡，导致轻度炎症，从而促进肥胖和代谢综合征的发生。

3. 甜味剂

甜味剂是一种用于替代传统糖分的食品添加剂，可以提供甜味，而不增加额外的卡路里。比如，甜菊糖苷是一种含菊粉和果聚糖的天然甜味剂，可以促进双歧杆菌和乳杆菌的生长；糖精和三氯蔗糖等人工甜味剂，会通过改变肠道菌群的组成和功能，影响葡萄糖转运系统，加速葡萄糖不耐受和代谢疾病的发生和发展。此外，一些多元醇如麦芽糖醇、乳糖醇和木糖醇等可以到达大肠，增加体内双歧杆菌的丰度，具有潜在的益生元作用。

4. 着色剂

着色剂是赋予食品色泽和改善食品色泽的一类食品添加剂。糖果、雪糕和饮料中，常添加偶氮着色剂，如诱惑红和日落黄等。研究发现，某些肠道微生物，如卵形拟杆菌和粪肠球菌等可产生偶氮还原酶。这种酶能够将偶氮着色剂转化为 1- 氨基 -2- 萘酚 -6- 磺酸钠盐。该代谢物已被证实会诱导结肠炎的发生。

5. 抗结剂

抗结剂是用于防止颗粒或粉状食品聚集结块，保持其松散或流动状态的食品添加剂。我国允许使用的抗结剂包括亚铁氰化钾、硅铝酸钠、磷酸三钙、二氧化硅和微晶纤维素共 5 种。然而，研究发现，二氧化硅的摄入会改变菌群中厚壁菌门和拟杆菌门的比例，增加肠道中变形杆菌等促炎细菌的丰度，减少肠道中乳酸杆菌等益生菌的丰度，从而破坏肠道屏障与黏膜免疫功能。

总之，多数食品添加剂对肠道健康具有潜在的负面影响。长期过量摄入，可能导致肠道菌群失衡、肠道炎症和肠道屏障功能受损等问题。为了保护肠道健康，应选择天然食物，减少加工食品的摄入，并注意饮食结构和饮食习惯。此外，增加益生菌的摄入也有助于维护肠道菌群平衡。

（二）合理选用食品添加剂的建议

面对琳琅满目的食品添加剂，我们应如何选择才能确保健康呢？以下是一些建议。

1. 选择天然食品

天然食品中的营养成分和纤维素更丰富，对肠道健康更有益。因此，要尽量选择未加工或少加工的天然食品，避免过多摄入不必要的食品添加剂。

2. 阅读食品标签

养成阅读食品标签的习惯，了解食品中添加了哪些添加剂。尤其是对于防腐剂、色素、香精等可能对肠道健康产生影响的添加剂要特别留意。

3. 控制加工食品的摄入量

加工食品中往往含有较多的食品添加剂。因此，要控制加工食品的摄入量，避免长期大量摄入同一种食品添加剂。

4. 注意个体差异

每个人的肠道微生物组成和消化能力存在差异，对食品添加剂的反应也不尽相同。如果出现消化不适、过敏等症状，应及时就医并告知医生自己的饮食情况。

总之，食品添加剂对肠道健康的影响是一个复杂的问题，涉及多种因素的相互作用。我们应该理性看待食品添加剂，既不过度恐慌，也不盲目忽视，合理选用食品、阅读食品标签和控制加工食品摄入量等，降低不必要的健康风险，维护肠道健康。同时，对于有特殊饮食需求或疑虑的人群，建议在医生或营养师的指导下进行饮食调整和生活方式的改善。

四、药物对双歧杆菌的影响

抗菌物质的设计旨在消灭或抑制细菌的生长，包括抗菌化学药物（抗生素、磺胺类、喹诺酮类等）、抗菌的中药（黄连、蒲公英、板蓝根等）、抗菌类调料（葱、姜、蒜、酒、辣椒等）。作为一种益生菌，双歧杆菌在维持肠道健康和免疫功能中扮演着重要角色。抗菌药物的使用，尤其是广谱抗生素的使用，可能会对双歧杆菌产生显著的负面影响，甚至导致其数量显著减少。这种影响有时可能是致命的。这是因为抗生素不仅针对特定病原体，也可能会波及共生的正常菌群，包括双歧杆菌。

对双歧杆菌产生负面影响的主要有以下药物。

1. 西药

1）抗生素

（1）青霉素类抗生素：常用的有青霉素 G、普鲁卡因青霉素、苄星青霉素、苯唑西林、氯唑西林、哌拉西林等。

（2）头孢菌素类抗生素：分为 1、2、3、4 代，主要药物有头孢噻吩、头孢拉定、头孢呋辛、头孢克洛、头孢曲松、头孢噻肟、头孢他啶、头孢匹罗、头孢吡肟等。

（3）头霉素类抗生素：包括头孢西丁、头孢美唑、头孢替坦等。

（4）青霉烯类抗生素：包括硫霉素、亚胺培南、美罗培南、帕尼培南、厄他培南等。

（5）氨基糖苷类抗生素：主要有链霉素、庆大霉素、妥布霉素、奈替米星、大观霉素等。

（6）大环内酯类抗生素：包括红霉素、麦迪霉素、乙酰螺旋霉素、交沙霉素、罗红霉素、阿奇霉素、克拉霉素等。

（7）四环素类抗生素：常用的有多西环素、米诺环素。

（8）喹诺酮类抗生素：包括诺氟沙星、氧氟沙星、环丙沙星、洛美沙星、氟罗沙星、加替沙星、莫西沙星、帕珠沙星等。

2）不属于抗生素类的消炎药

（1）非甾体类抗炎药：这是一种不含有甾体结构的抗炎药，具有抗炎、抗风湿、止痛、退热和抗凝血的作用，包括以下几种。①水杨酸类：代表的药物是阿司匹林。②乙酰苯胺类：代表的药物为对乙酰氨基酚。③芳基乙酸类：代表的药物有双氯芬酸、吲哚美辛。④芳基丙酸类：代表的药物为布洛芬。⑤苯丙噻嗪类：代表的药物如弗洛昔康、吡罗昔康。⑥吡唑酮类：代表的药物为保泰松、安乃近。⑦选择性环氧化物酶 2 抑制剂：代表药物为噻来昔布、尼美舒利。

（2）糖皮质激素：糖皮质激素按照时间可以分为短效、中效和长效三类。常用的有氢化可的松、泼尼松、泼尼松龙、甲泼尼龙及地塞米松等。

2. 中药

杀菌的中草药有金银花、连翘、大青叶、板蓝根、黄连、黄芩、黄柏、红藤、败酱草、百部、苦参等。

金银花、大青叶以及连翘可用于治疗咽喉肿痛、感冒等外感疾病。

黄连、黄芩和黄柏也有杀菌的功效。

常见的红藤和败酱草可用于肠道感染及盆腔感染的治疗。

鱼腥草、野菊花和马齿苋等可用于治疗利尿通淋等对泌尿系统的感染。

百部与苦参也具有抗结核、杀菌、抗感染的功效。

相比之下，非抗菌药物对双歧杆菌的影响通常较小，不显著。为了维护肠道微生态的平衡，可以考虑在医生指导下适当补充益生菌或益生元，以帮助恢复肠道菌群的多样性和功能。

五、作息不规律对双歧杆菌的影响

作息不规律，这对双歧杆菌来说，就像是生活在一个时区混乱的国家，今天在东八区，明天可能就跳到了东十二区。这样的生活节奏让双歧杆菌难以适应，数量大幅减少。

人体的生物节律不仅受位于下丘脑的中枢生物钟的调节，还受消化系统与食物摄入等其他因素所控制的外周生物钟的影响。

现代人生活方式的改变，扰乱了自然赋予人类的生物节律，同时带来了各种健康问题。越来越多的研究表明，生物节律远不止"日出而作，日落而息"这么简单，它还能影响人体机能的方方面面。

（一）生物节律、代谢与癌症

生物节律与代谢之间的联系早已受到关注。实验表明，通过遗传学方法扰乱中枢与外周生物钟，能够导致脂肪细胞肥大、脂肪肝、脂质代谢异常、高血糖与肥胖等多种代谢症状；日夜颠倒，机体对葡萄糖的耐受程度及胰岛素敏感性都会显著降低，胰岛 B 细胞功能也会出现明显异常。例如，生物节律调节蛋白 CRY2 与 PER2 基因突变人群的血糖，较其他人群表现出了明显的升高。

对人体生物节律影响更大的是生活方式。现代生活中的倒班工作制、倒时差与熬夜，对受光照影响的中枢生物钟造成了极大影响；而夜宵与进食不规律等行为，也让外周生物钟的稳定异常困难。研究显示，经常在晚上七点后进食的人，患肥胖的风险更高；同时，中枢生物钟的紊乱，也会导致胰岛素抵抗、2 型糖尿病与肥胖等代谢疾病的患病风险显著增加。

同时，越来越多证据将生物节律、代谢与癌症三者联系到了一起。研究表明，包括结直肠癌在内，多种癌症的发病率与代谢症状密切相关。更重要的是，癌细胞生长中所普遍存在的代谢功能变化，也有着明显的昼夜摆动特征。

（二）肠道微生物与生物节律和代谢健康

新世纪以来，肠道微生物因其对人体的巨大影响引起了医学界的持续关注。它们具有极其多样的代谢功能，被视为一种强大的"代谢器官"。

这些生活在我们消化系统中的微小生物，也具有和宿主相似的昼夜节律，并受宿主生物节律调控基因与进食行为的调控。相应地，肠道微生物同样能够调节机体的生物节律与代谢稳态。2019 年一项研究指出，微生物对宿主昼夜节律的调控或许与细菌抗原及其代谢物有关。例如，食物中的胆碱能被肠道微生物依次转化为三甲胺与氧化三甲胺，而氧化三甲胺能直接影响生物节律基因的表达。

除了影响机体的生物节律，肠道微生物群的组成与机体患代谢疾病的风险也有着不可忽视的相关性。梭菌与乳酸菌在肠道微生物菌群中的比例与肥胖相关，而近几年备受关注的明星细菌艾克曼菌，则与肥胖、高血压及 2 型糖尿病表现出负相关性。

微生物与机体生物节律之间精密关系的破坏，可能与肠道微生物引发的代谢症状与疾病有关。

（三）生活方式改变对生物钟的影响

1.轮班对生物钟的影响

轮班一般是指工作时间不符合人体正常昼夜节律，其存在情形比较多，如固定的晚班（14 点到 17 点开始上班）、夜班（22 点到午夜之间开始上班）

或三班倒等。

轮班工作会对人体正常的昼夜节律产生不良影响。研究发现，长期从事夜班工作会导致工作人员睡眠时间减少，而长期上晚班则会导致睡眠时间增加。相比较而言，晚班对睡眠时间的作用是积极的，而夜班则会对睡眠时间产生不利影响。除此之外，轮班的速度对睡眠时间也有影响，缓慢轮班相较快速轮换对睡眠的影响更小。

2. 失眠对生物钟的影响

失眠是全世界最普遍的睡眠障碍之一，其主要特征是开始睡眠或维持睡眠存在困难、睡眠质量差及日间功能损害。失眠患者常会出现昼夜节律紊乱。在一项对注意力缺陷和多动障碍患者的研究中，合并失眠症的患者在休息模式中表现出减弱的 24h 振幅，表明他们存在昼夜节律的偏差。同时，失眠症状与生物钟基因 PER2 密切相关。研究发现，PER2 基因型 AC 或等位基因 C 对失眠的影响相对强于工作压力的影响，并且 PER2 基因型和工作压力在对失眠的影响中存在交互作用。

3. 飞行时差综合征

飞行时差综合征是一种常见的昼夜节律睡眠障碍，其发生在跨时区旅行、战斗机飞行员跨时区长时程执行飞行任务的情景下。

时差导致昼夜节律紊乱的机制主要为内源性昼夜节律与睡眠—觉醒周期不匹配，导致睡眠时间缩短和睡眠质量降低。在跨时区旅行或执行任务的过程中，睡眠中断会进一步增加昼夜节律的紊乱程度，使睡眠负债进一步增加。在这种情况下，个体即使获得了充足的睡眠也会出现嗜睡症状。

另外，许多变量如跨越时区的数量、行进方、行进时睡眠休息状况、到达地昼夜时间线索的可用性和个体差异都会影响飞行时差综合征的症状和严重程度。研究发现，50 岁以上的飞行员皮质醇水平明显低于 50 岁以下的飞行员，提示年龄较大的人在跨时区旅行时的时差症状可能较轻。飞行时差综合征患者在时差条件下褪黑激素水平较低，甲状腺激素水平较高，结合 MRI 结果发现皮质醇水平与颞叶活动有关。

（四）保持规律作息时间的建议

以下是一些有助于保持规律作息时间的建议。

1. 制订一份作息计划

制定一个每日的作息时间表，包括起床时间、睡觉时间、工作时间、休息时间和锻炼时间等。将这些时间安排在合适的时间段内，以确保足够的睡眠和休息。

2. 设定固定的睡眠时间

每天在相同的时间上床睡觉并起床，有助于调整身体的生物钟，更容易入睡和醒来。

3. 创造良好的睡眠环境

为了提高睡眠质量，要保持卧室安静、黑暗和凉爽；使用窗帘、耳塞或白噪声机等来降低噪声和光线的干扰；确保床铺舒适。

4. 避免午睡过长

如果有午睡的习惯，最好将午睡时间限制在30分钟内，并在下午晚些时候或傍晚之前完成。过长的午睡可能会影响晚上的睡眠。

5. 控制电子设备的使用

在睡前半小时，停止使用电子设备，如手机、平板电脑和电视等。蓝光会抑制褪黑素的分泌，影响睡眠质量。

6. 坚持锻炼

定期进行适度的锻炼，但不要在临近睡觉的时间进行剧烈运动。锻炼可以帮助改善睡眠质量，但过度的运动可能会导致身体过于兴奋而难以入睡。

7. 避免咖啡因和尼古丁

尽量避免在下午和晚上摄入咖啡因和尼古丁等刺激性物质。这些物质可能会干扰睡眠。

8. 养成良好的饮食习惯

保持规律的饮食时间，避免在睡前过度进食或饮水；注意饮食的均衡和健康，避免食用过度油腻或辛辣的食物。

9.学会放松

睡前进行一些放松活动，如阅读、冥想或深呼吸练习，有助于减轻压力和焦虑，使身体和大脑进入放松状态。

六、辛辣食物对双歧杆菌的刺激

对双歧杆菌来说，辛辣刺激的食物犹如一场味觉的极限挑战，虽然刺激，但时间长了，就像在肠道里开了一家辣椒工厂，让双歧杆菌无法承受。

医生所说的辛辣食物，通常指的是那些具有辛辣味道或刺激性的食物。这些食物包括一些常见的调料和食材，如葱、姜、蒜、辣椒、花椒、胡椒、桂皮、八角、小茴香等。此外，洋葱、韭菜、酒等也被视为辛辣食物。

辛辣食物的特点是具有强烈的味道和刺激性，能够刺激人的味觉和嗅觉。在烹饪中，它们常被用来增加食物的口感和风味。然而，对于一些人来说，辛辣食物可能会引起不适或过敏反应。

（一）辛辣食物对肠胃的影响

辛辣食物对肠胃的影响，可以说是双重的。

首先，辛辣食物中的辣椒、胡椒、芥末等成分，含有一种被称为辣椒素的物质。当这些食物进入胃部后，辣椒素会刺激胃黏膜上的神经细胞，使胃黏膜血流增加。虽然这在一定程度上能够促进消化，但对于某些人来说，过度的刺激可能会导致胃黏膜炎症或溃疡，甚至引发胃出血。

此外，辛辣食物中的其他成分，如生姜、大蒜等，也会对胃部产生刺激作用。这些食物中的化合物会刺激胃壁细胞，导致胃酸分泌增加。对于一些患有胃溃疡或胃炎的人来说，这种胃酸分泌的增加可能会加重病情，导致胃部不适和疼痛。

除了直接的刺激作用外，辛辣食物还可能间接影响肠胃功能。例如，过量食用辛辣食物可能会导致肠道肌肉收缩异常，引发腹泻、便秘等肠道问题。此外，长期食用辛辣食物还可能破坏肠道内的菌群平衡，增加患上肠道感染的风险。

因此，当肠胃不舒服时，我们要避免食用辛辣食物，以减少胃黏膜受到的刺激，降低胃酸分泌，缓解肠胃不适症状。

（二）如何缓解肠胃不适

当出现肠胃不适时，可以采取以下措施来缓解症状。

1. 饮食调整

避免食用辛辣、油腻、刺激性食物，因为这些食物可能会刺激胃黏膜，加重症状。相反，应该多吃清淡易消化的食物，如米粥、面条等。这些食物可以提供足够的营养，同时也不会对肠胃造成负担。此外，保持充足的水分摄入，以保持肠道通畅，避免便秘和腹泻等症状。

2. 药物治疗

如果肠胃不适症状较重，可以在医生的指导下使用药物治疗。抗酸药可以中和胃酸，缓解胃痛和胃胀等症状；胃黏膜保护剂可以保护胃黏膜，促进胃部修复；抗生素可以治疗细菌感染引起的肠胃炎等。但是，在使用药物治疗时，一定要遵循医生的建议，不要随意使用药物。

3. 热敷

使用热水袋或热毛巾敷在腹部，可以缓解胃痛和腹泻等症状。热敷可以促进血液循环，缓解肌肉紧张和疼痛。

4. 按摩

轻轻按摩腹部可以促进肠胃蠕动，缓解便秘和腹泻等症状。按摩时要注意力度适中，避免过度用力。

辛辣食物对肠胃的影响不容忽视。当出现肠胃不适时，远离辛辣食物可以减轻症状并促进身体恢复。在日常生活中，我们也应该注意饮食健康，避免过度食用辛辣食物，以维护肠胃健康。

下篇
双歧杆菌的发展和健康密码

第十一章　双歧杆菌的未来发展

　　益生菌，尤其是双歧杆菌可改善机体的脾胃功能，增进食欲，帮助消化吸收。对人体既有保护作用，又有营养作用。人体必须靠自身的力量抵御疾病的发生。我们完全可以用双歧杆菌来辅助解决消化问题，尤其是对儿童群体。如今，对人有益的双歧杆菌已投入到实际应用中，未来还会通过更多研究与技术来推动健康行业的迅速发展。

一、双歧杆菌的横向发展

（一）双歧杆菌与益生菌

　　将双歧杆菌加入益生菌产品中，不仅可以丰富益生菌的种类，还能扩展其功能，从而提高产品的市场竞争力和健康效益。

　　作为一种已被广泛研究的益生菌，双歧杆菌对肠道健康具有积极作用，包括改善肠道微生态平衡、增强免疫力、促进营养吸收等。将其与其他益生菌种类结合，可以创造出具有更广泛健康益处的产品，满足不同消费者的需求。此外，多菌株的益生菌产品可以通过协同作用，提高整体的生物利用度和稳定性，从而在调节肠道健康、提高机体抵抗力等方面发挥更加显著的作用。

（二）双歧杆菌与益生元

　　在益生元产品中加入双歧杆菌，可以显著提升产品的健康效益。

　　益生元作为非消化性食物成分，能够选择性地刺激肠道中有益菌群的生长和活动，其作用机制快速而直接，有助于益生菌在肠道中的快速定植和活性发挥。在益生元产品中加入双歧杆菌，可以显著提高产品的健康效益。

　　而双歧杆菌作为益生菌的一种，以其"后劲更足"的特性，能够在肠道中持续发挥作用，长期维持和改善肠道微生态平衡。

将益生元和双歧杆菌结合在一起使用，可以产生协同效应，即益生元为双歧杆菌提供即时的能量和营养支持，而双歧杆菌则通过其长期的生物学效应，增强宿主的健康状态。这种协同效应不仅会提高益生菌的存活率和生物利用度，还能增强其对免疫功能的调节作用，为消费者提供更为全面和持久的健康保护。

随着对双歧杆菌和益生元相互作用机制的深入研究，这种联合应用策略有望在未来的微生态调节和健康管理领域发挥更大的潜力。

（三）双歧杆菌与后生元

后生元是益生菌在代谢过程中产生的生物活性物质，它们可以独立于活菌发挥作用，具有调节宿主肠道微生物群、增强屏障功能和免疫调节等作用。将后生元与双歧杆菌结合使用，可以形成一种互补和协同效应。

后生元具有非活性的特性，可以更直接地影响机体的生理机能，而不受胃酸和胆汁等消化环境的影响，这使得它们能够快速地在肠道中发挥作用。相比之下，作为活的微生物，双歧杆菌能够在肠道中定植并持续提供健康效益，且作用更为持久和稳定。

将后生元与双歧杆菌结合使用，可以实现两者的优势互补。后生元的即时效应与双歧杆菌的长期调节相结合，可以更全面地促进肠道健康，增强机体的免疫力，并为多种慢性疾病管理提供辅助。

随着对后生元和双歧杆菌相互作用机制的进一步研究，这种相互助力的策略有望在微生态调节和健康管理领域展现出更大的应用潜力和临床价值。

（四）双歧杆菌与食品

在食品工业中融入双歧杆菌，不仅可以提高产品的功能性，还能拓宽其市场潜力。双歧杆菌的加入，可以增强食品的健康属性，使其成为消费者追求健康生活方式的理想选择；有助于改善肠道微生态平衡，促进消化健康；同时，还能增强食品的营养价值，提供额外的生物活性成分。

随着消费者对健康食品需求的增长，含有丰富的双歧杆菌的食品在市场上越来越受到欢迎，不仅可以满足基本的营养需求，还能够提供额外的健康益处，如增强免疫力、促进心理健康等。不过，为了确保双歧杆菌的活性和食品的安全性，需要在食品加工、储存和运输过程中采用严格的控制措施。

未来通过科学研究和技术创新，可以进一步优化双歧杆菌在食品中的应用，以实现更高效、更稳定的健康效益，满足市场对高品质健康食品的期待。

（五）双歧杆菌与饮品

在现有饮品中加入双歧杆菌，不仅可以丰富饮品的种类，也能提高其生态和营养价值，为传统饮品市场带来创新和多样化的产品选择。

双歧杆菌作为一种有益微生物，能够在人体内发挥积极作用，包括改善肠道健康、增强免疫力、促进营养吸收等，使得含有双歧杆菌的饮品成为健康意识强的消费者的首选。

此外，双歧杆菌的加入，还有助于饮品品类的扩展。如今从传统的乳制品到果汁、运动饮料、功能性饮品等中，都可以见到双歧杆菌的身影。

多样化的产品线可以满足不同消费者群体的特定需求，推动现有饮品行业的创新和发展。不过，为了确保双歧杆菌的活性和饮品的品质，在生产过程中要严格控制卫生条件、储存温度和保质期限。

未来的科学研究和技术创新可以进一步提高双歧杆菌在饮品中的应用效果，为消费者提供更加健康、营养的饮品。

二、双歧杆菌的纵向发展

（一）双歧杆菌与日常用品

双歧杆菌作为一种益生菌，在维持和改善皮肤微生态平衡、增强皮肤屏障功能、抗炎和抗氧化等方面的潜在益处，为这些日常用品增添了额外的健康价值。将双歧杆菌应用于日常用品，如面膜、牙膏、护肤品、化妆品、洗护用品以及消毒用品，就能为这些产品赋予新的健康维度。

这种创新的融合策略，不仅可以提高产品的功能性，还可能增强其安全性和功效的持久性。例如，在护肤品中加入双歧杆菌，有助于改善皮肤健康状况，提供长效的保湿和抗衰老效果。然而，将双歧杆菌有效且稳定地整合到这些产品中，需要克服一系列的技术挑战，包括确保益生菌的活性、稳定性及与产品配方的兼容性。

为了实现这些目标，必须进行细致的科学研究和严格的产品测试，以确保双歧杆菌的添加不会影响产品的其他性能，同时确实能够为消费者带来预期的健康益处。

随着消费者对健康和个人护理产品的需求日益增长，这种创新的产品开发策略有望开拓出新的市场机会，并推动相关产业的持续发展。

（二）微生物与环保

微生物在处理生活垃圾、污水、粪便、落叶及生活废弃物等"三废"问题中，展现出其生态和环保的潜力。

作为一种益生菌，微生物能够通过其代谢活动促进有机物的分解，加速堆肥化过程，提高肥料的质量和安全性。其在生物降解过程中的作用有助于减少环境污染，提高资源的循环利用率，从而实现更加可持续的环境管理。

在污水处理中，微生物可以协助分解污水中的有机物质，减少有害化学物质的排放，提高水质。此外，在粪便和生活废弃物的处理中，它们能够通过发酵过程产生有益物质，改善土壤结构，增加土壤肥力，减少对化肥的依赖。

这种利用微生物的生物处理方法，不仅可以减少对化学处理剂的需求，降低处理成本，还能提高处理过程的环境友好性。不过，要想充分发挥双歧杆菌在"三废"处理中的作用，需要深入研究其在不同环境条件下的活性和稳定性，以及它们与其他微生物的相互作用。

未来，通过科学合理的应用，微生物有望成为推动环保和可持续发展的重要力量。

（三）双歧杆菌与种植

双歧杆菌在种植领域的应用，为农业可持续发展提供了新的策略。

使用双歧杆菌，可以在多个关键环节发挥积极作用，全面提高作物的种植效率和产品质量。比如，在种子保存和消毒过程中，双歧杆菌有助于抑制病原微生物的生长，减少种子携带的病害风险。

在育苗阶段，双歧杆菌可以促进幼苗的健康生长，增强其对逆境的抵抗力。作为基肥和追肥的一部分，双歧杆菌还能改善土壤结构，提高土壤肥力，同时通过其代谢产物提高植物的营养吸收效率。

在叶面肥的应用中，双歧杆菌可以作为一种生物刺激剂，促进植物生长，提高光合作用效率。

在发酵有机肥的制作中，它们可以加速有机物料的分解，产生丰富的养分，为作物提供长效的养分供应。

在病虫害防治方面，双歧杆菌可以增强植物的自然防御机制，减少化学农药的使用，有助于生产更安全的农产品。

在农产品保存和新产品开发中，双歧杆菌的应用也展现出巨大潜力，比如，可以延长农产品的保鲜期，提高产品质量，为市场提供更多样化的健康食品选择。

综上所述，双歧杆菌在农业领域的多方面应用，不仅可以提高作物的生产效率，还能促进农业生态环境的平衡，为实现农业的可持续发展提供强有力的支持。

（四）双歧杆菌与畜牧养殖

在畜牧养殖领域，双歧杆菌的应用贯穿了动物生长的各个阶段，从品种培育、孕育阶段到哺乳期、育成期、成熟期直至生产期，其系统性参与为养殖带来了全面的益处。使用双歧杆菌，可以改善肠道微生态平衡，增强动物的免疫力，促进其健康生长，尤其在幼崽哺乳期间，有助于提高成活率和早期发育。

在环境改良方面，双歧杆菌有助于减少养殖环境中的有害气体排放，改善养殖环境卫生。

在饲料利用上，双歧杆菌能够提高饲料转化率，减少浪费。同时，还能促进废物的减少和循环利用，通过发酵处理将养殖废物转化为有机肥料，减少对环境的污染。

在有害物处理和疾病预防方面，双歧杆菌可以减少抗生素的使用，降低动物疾病发生率，提高养殖安全性。

整体而言，双歧杆菌的应用有助于提高养殖产品的品质，降低生产成本，并提高经济效益，为实现养殖业的可持续发展提供了新的解决方案。

（五）双歧杆菌与水产养殖

在水产养殖领域，双歧杆菌的引入为养殖系统带来了显著的生态和经济效益。

双歧杆菌可以促进水体中微生物的平衡，有助于改善水质，减少有害微生物的生长，从而降低疾病的发生率。这种微生物平衡对提高育苗率和成品率至关重要，因为健康的水质环境是幼苗和成体生长的基础。

此外，双歧杆菌还能够增强养殖生物的免疫力，提高其对疾病的抵抗力，这在高密度养殖系统中尤为重要，因为这些系统更容易受到疾病的影响。

利用双歧杆菌减少疾病发生，不仅可以减少药物的使用，还能提高产品的市场竞争力，因为无药物残留的水产品更受消费者的青睐。经济效益的提高不仅来自于疾病减少导致的成本降低，还来自于产品质量提高而增加的市场价值。产品优品率的提高意味着更高的市场接受度和更好的价格，这对于养殖者来说是直接的经济激励。

综合来看，双歧杆菌在水产养殖领域的应用展现了其在提高养殖效率、保障产品质量和推动产业可持续发展方面的重要作用。

（六）双歧杆菌与土壤改良

以双歧杆菌为典型代表的微生物及其活性成分在农业土壤管理中扮演着重要角色，可以促进土壤微生物多样性，改善土壤菌群结构，增强土壤的生物活性。

双歧杆菌的代谢活动能够增加土壤的透气性，促进植物根系的健康发展，有助于植物吸收水分和养分。

双歧杆菌能通过固定大气中的氮气和分解有机物质，提高土壤的肥力，从而减少对化学肥料的依赖。它们的代谢产物，如维生素、酶和有机酸等，能够刺激植物生长，增加作物的产能。这些活性成分还能促进土壤中有益微生物的生长，形成良性的微生物—植物互作关系，增强植物对病虫害的抵抗力。

综上所述，双歧杆菌及其活性成分在提高土壤质量和作物产量方面显示出巨大潜力，为实现可持续农业提供了一种生态友好的解决方案。然而，为了最大化这些效益，需要进一步研究双歧杆菌与土壤环境的相互作用，以及如何最有效地将它们应用于不同的农业系统中。

（七）双歧杆菌与果蔬保存

双歧杆菌通过其代谢活动，有助于维持果蔬表面的微生物平衡，减少腐败微生物的生长，从而延长果蔬的货架寿命。

在果蔬保存和运输过程中，双歧杆菌可以作为一种创新的生物保鲜剂，提高果蔬的保存时间和保存效果。此外，双歧杆菌的添加，还能减少果蔬在储存过程中的营养成分流失，保持果蔬的市场价值和消费者满意度。双歧杆菌的生物相容性相较于传统的化学保鲜手段更加环保和生态，有助于减少对环境的二次污染。

在减少损耗率方面，双歧杆菌的应用可以减少果蔬在运输和储存过程中的损耗，降低经济损失。同时，由于双歧杆菌的天然属性，这种方法也更加健康，能够满足消费者对天然、无化学添加食品的需求。

当然，为了确保双歧杆菌在果蔬保鲜中的有效性和安全性，需要进一步研究其在不同果蔬类型和储存条件下的应用效果，以及如何优化处理以最大化其保鲜潜力。

（八）双歧杆菌助力系列新产品开发

双歧杆菌的应用为多个行业带来了新机遇，其独特的生物学特性使其成为开发新产品的宝贵资源。

在食品和饮料行业，双歧杆菌的添加不仅可以提高产品的营养价值，还因其对肠道健康的益处而增加了市场吸引力。

在农业领域，双歧杆菌作为一种生物肥料，能够提高作物产量和质量，同时减少化学肥料的使用，推动生态农业的发展。

在环保和废物处理方面，双歧杆菌的代谢活动有助于有机物的分解，改善土壤结构，减少环境污染。

在医疗健康领域，双歧杆菌的研究成果促进了针对特定健康问题的功能食品和补充剂的开发，为消费者提供了更安全、更环保的治疗选择。

综上所述，双歧杆菌的广泛应用促进了产品品类的多样化，增强了行业的经济效益，同时保障了产品的安全性和环保性。随着对双歧杆菌功能更深入的了解和应用技术的不断创新，其在推动可持续发展方面的潜力将进一步得到挖掘和实现。

三、双歧杆菌的复合发展方向

（一）双歧药品

双歧杆菌及其活性成分是开发新型健康产品的宝贵资源。通过科学提取和深入研究，我们可以从双歧杆菌中分离出多种有益的生物活性物质，如维生素、小肽和有机酸等，可以促进健康、预防疾病等。

维生素和有机酸对于增强机体免疫力、维持正常的生理功能具有重要作用。小肽因其易于吸收的特性，被广泛用于改善营养状况和促进肌肉生长。此外，双歧杆菌的代谢产物在抗衰老、抗癌及慢性疾病的预防和治疗方面也展现出积极的效果。例如，某些双歧杆菌产生的短链脂肪酸被认为可以调节宿主的免疫反应，有助于延缓衰老和降低患某些癌症的风险。

随着对双歧杆菌活性成分功能的进一步探索，未来有望开发出更多针对特定健康需求的新产品。这些产品的开发将为消费者提供更多样化的健康选择，同时推动健康产业的创新发展。然而，这些产品的安全性和有效性需要通过严格的科学研究和临床试验来验证，以确保其对消费者的健康效益。

（二）双歧在未来康养领域的产品开发

在康养领域，双歧杆菌的融入为提高康养服务的质量和效果提供了新的策略。

双歧杆菌作为一种益生菌，已被证实在维持肠道微生态平衡、增强免疫力、促进营养吸收等方面具有积极作用。将双歧杆菌应用于康养的各个环节，包括饮食管理、疾病预防、康复治疗及日常健康管理，可以为消费者提供更加全面和个性化的健康支持。

通过科学合理的应用，双歧杆菌有助于提高康养服务的可靠性和时效性。例如，在康复治疗中，双歧杆菌的使用可以辅助促进患者的肠道健康，减少感染风险，加快恢复进程。在疾病预防方面，双歧杆菌的添加可以增强机体的自然防御能力，降低慢性疾病发生的可能性。

此外，双歧杆菌的引入也使得康养服务更加人性化，满足了消费者对自然、无添加健康产品的需求。同时，随着科学研究的深入，双歧杆菌在康养领域的应用越来越具有说服力，为康养服务提供了坚实的科学基础。然而，双歧杆菌的应用需要在专业指导下合理进行，并结合个体差异进行个性化调整。

（三）双歧杆菌的太空产品

在食品方面，双歧杆菌的能力更是不容小觑。在太空中，宇航员们需要营养丰富、易于储存的食物。双歧杆菌就是那个能够提供营养、保持食物新鲜的秘密武器。其活性成分能够帮助开发出长期储存而不失营养的太空食品，让宇航员们在遥远的星球上也能享受到地球上的美食。

双歧杆菌及其活性成分在航空航天及太空探索领域的应用，开辟了益生菌研究和应用的新领地。在太空环境中，由于特殊的微重力条件和封闭的生活空间，宇航员的身体健康和心理健康面临特殊挑战。双歧杆菌的引入，可以通过维持肠道微生态平衡，增强宇航员的免疫力，减少疾病风险，从而保障其在长期太空任务中的健康。

此外，双歧杆菌在太空食品保存、废物处理和循环利用方面也展现出巨大潜力。它们可以帮助延长太空食品的保质期，减少因食物腐败造成的资源浪费。在废物处理方面，双歧杆菌能够促进有机物的分解，将有机物转化为有用的物质，实现资源的循环利用，这对于太空站等封闭生态系统的可持续发展至关重要。

双歧杆菌的活性成分，如短链脂肪酸和维生素，还可以用于开发太空专用的保健品和个人护理用品，进一步提高宇航员的生活质量。随着太空探索的不断深入，双歧杆菌及其活性成分的应用将为人类在太空中的长期生存和探索提供重要支持。

四、双歧杆菌再创人类奇迹

（一）健康可期

健康一直是人类追求的终极目标之一，而双歧杆菌的发现和应用，为实现这一目标提供了新的科学途径。双歧杆菌作为一种益生菌，已被广泛研究证明在促进肠道健康、增强免疫力、改善营养吸收等方面具有积极作用。这些功能对于维护整体健康、延缓衰老过程具有重要意义。

然而，值得注意的是，尽管双歧杆菌对健康长寿具有潜在益处，但其效果也受到个体差异、生活习惯、遗传等多种因素的影响。因此，双歧杆菌的摄入应作为全面健康管理计划的一部分，并结合均衡饮食、适量运动、良好作息等其他健康生活方式，共同促进健康长寿目标的实现。同时，为了确保双歧杆菌的安全性和有效性，建议在专业医疗人员的指导下合理摄入。

（二）双歧杆菌助力提高生活品质

双歧杆菌的摄入，对肠道菌群的修复与重建具有显著作用。这些益生菌有助于调节肠道微生态，促使菌群结构趋向于更为健康和平衡的状态。随着科技发展，双歧杆菌及其活性成分有可能帮助很多功能丧失的人，恢复部分甚至全部功能。

双歧杆菌的活性成分能够影响宿主的生理机能，包括从基因表达层面开始，促进正面的生理变化，从而增强身体健康。这种调节作用有助于缓解亚健康状态，促进生理功能的恢复，提高生活质量。补充双歧杆菌可能对维持机体的内环境稳态、延缓老化过程、提高机体抵抗力等有积极影响。

第十二章 双歧杆菌与健康秘诀

从婴幼儿到老年，人体肠内菌群会发生显著的变化，那就是双歧杆菌等有益菌占比大幅降低，而梭状杆菌等有害菌占比明显上升。这种肠道微生态的变化，被称为肠道老化现象。肠道老化，就会排便不畅，肠内毒素堆积，进而引发多种疾病，比如动脉粥样硬化、阿尔茨海默病、恶性肿瘤等。

肠道疾病是"万病之源"，"肠道年龄才是人体的真实年龄"。所以，为了使肠道菌群趋于年轻化、健康化，应适当补充双歧杆菌。

一、双歧杆菌的长寿秘诀

随着年龄的增长，身体的代谢功能也会随之下降，尤其是人体内部的消化系统。牙齿脱落影响了咀嚼功能；舌头表面的味蕾发生萎缩，味觉细胞减少，对咸味不敏感；唾液、消化液、消化酶等分泌减少，影响食物的吸收和利用。

老年人食道蠕动和肠道排空速率降低，使得大便通过肠道的时间延长，所以经常发生便秘。肠道内居住着几百种不同的菌群，在新生儿时期，肠道菌群中九成都是益生菌，而成年人肠道细菌中益生菌所占比例只有20%~30%，60岁以后比例则更低。人到了老年，体内益生菌数量大幅减少，加上抵抗力下降，更容易发生肠道感染。

双歧杆菌是我们肠道里的益生菌。科学研究表明，双歧杆菌的丰度与多种健康效益相关联，包括但不限于增强免疫能力、改善肠道功能及可能的抗衰老效果。

（一）人体肠道的"治安官"

生活在肠道内的双歧杆菌，在肠道黏膜上生长，形成一道"菌膜屏障"，犹如在人体肠道表面构筑起一座钢铁长城，起到治安警察的作用，从而使入侵的致病菌在肠道内失去生长繁殖的落脚点。

不仅如此，双歧杆菌还能刺激肠道的免疫系统、淋巴组织，产生分泌性抗体——免疫球蛋白 A，激活 T 细胞的非特异性免疫功能，引起中性粒细胞、巨噬细胞增殖；提高自然杀伤细胞的活性，诱发产生多种细胞因子如干扰素、白介素、肿瘤坏死因子等；增强人体免疫功能，提高抗感染、抗细胞突变、抗肿瘤、延缓衰老的能力。

同时，双歧杆菌新陈代谢产生的乳酸、醋酸等酸性物质，使肠道内环境保持酸性。而酸性环境不利于肠道内有害菌的生长，有助于保持人体的健康。

（二）人体肠道的"清道夫"

人的肠内约栖息着一百兆个细菌。这些肠内细菌看起来就像繁茂的草丛，所以又称为"肠内细菌丛"。"肠内细菌丛"中有好坏等各种细菌在肠内蠕动，其中对人较好的就是双歧杆菌。增加双歧杆菌有助于"洗涤"肠道，不但能使人健康，也有益于塑身和美容。

双歧杆菌分泌的乳酸、醋酸能刺激肠壁，促使肠道蠕动，保持正常排便功能，把肠道内有害有毒物质及时排出体外。同时，双歧杆菌还能分解体内各种有害物质。这些有害物质有的对人体具有诱癌、致癌或加速衰老的作用。此外，双歧杆菌还能阻止多余胆固醇的吸收，加速肠道内有害物质和毒素排出体外，起到清道夫的作用。

（三）双歧杆菌的营养作用

1. 促吸收

双歧杆菌在人体肠内发酵后可产生乳酸和醋酸，能提高钙、磷、铁的利用率，促进铁和维生素 D 的吸收。

双歧杆菌发酵乳糖产生的半乳糖，是构成脑神经系统中脑苷脂的成分，与婴儿出生后脑的迅速生长有密切关系。

双歧杆菌可以产生维生素 B_1、维生素 B_2、维生素 B_6、维生素 B_{12} 及丙氨酸、缬氨酸、天冬氨酸、苏氨酸等人体必需的营养物质，对于人体具有不容忽视的重要营养作用。

2.抗衰老

调查表明，长寿老人粪便中的双歧杆菌数量与中青年相当。双歧杆菌抗衰老的原因，是其能抑制腐败菌生长，减少其代谢产物中的氨、硫化氢、吲哚及粪臭素等有害物质的生成。

3.防治疾病

双歧杆菌在食物过敏症的防治、幽门螺杆菌引起胃炎（胃溃疡等）的防治及溃疡性结肠炎的防治等方面都有显著效果。

双歧杆菌与一般药品不同。一般药品是单向治疗，例如降血压、降血脂、治腹泻、治便秘等，其作用是单向的。而双歧杆菌的作用是双向的，即使用双歧杆菌制剂可能同时治疗腹泻和便秘，使人体恢复正常。这就是调整的作用。现代人生活节奏加快，工作压力增大，由此引发的各种肠胃疾病尤其普遍，在这种情况下，高活性的长双歧杆菌更能直接补充有益菌，调整人体微生态平衡。

（四）如何才能让双歧杆菌在肠道里繁衍生息

养成科学的生活和饮食习惯，对双歧杆菌的繁衍非常重要。

我们要吃得健康，睡得规律，避免不良习惯，比如熬夜、酗酒和吃太多垃圾食品。

这些都对降低双歧杆菌减少速度、维护肠道微生态平衡具有积极作用。这些生活方式的调整不仅有助于双歧杆菌的增长，也是实现长期健康和提高生活质量的重要途径。

二、保护体内双歧杆菌的方法

（一）调整生活方式

为了有效延缓体内双歧杆菌数量的减少，调整生活方式是至关重要的。

首先，保持饮食清淡、定时定量，避免过量摄入高脂、高糖和加工食品，因为这些食品可能会破坏肠道菌群的平衡。保持食物种类的相对固定，有助于维持肠道菌群的稳定性，因为突然的饮食变化可能会对肠道微生物产生不利影响。

其次，保持活动范围相对稳定，避免频繁的环境变化，因为环境压力也可能对肠道菌群产生负面影响。

再次，心态平和对于维持整体健康同样重要，可以减少压力激素水平，从而减少对肠道菌群的潜在破坏。

最后，规律的作息对于保持肠道健康同样关键。良好的睡眠习惯有助于肠道的修复和免疫功能的维持。

这些生活方式的调整，可以为双歧杆菌提供一个更加稳定和有利的生存环境，维持其在肠道中的数量和活性，进而促进整体健康和延缓衰老。

（二）笑对人生

脑－肠轴是指大脑和肠道之间通过神经、内分泌和免疫途径相互作用的复杂系统。科学研究已经表明，肠道健康与情绪状态之间存在密切联系。积极的心态和良好的心情可以通过脑－肠轴对肠道菌群产生积极影响，而消极情绪则可能产生相反的效果。

快乐和积极的心态有助于提高个体对益生菌的响应，从而促进双歧杆菌等有益菌群的增长和活动。这种心态不仅能够增强个体对益生菌的接受度和依从性，还可能通过心理—神经—免疫途径，增强机体对益生菌的利用效率，使双歧杆菌展现出超越常态的活性和效益。

因此，保持乐观的心态对于维护肠道健康和提高生活质量是至关重要的。培养阳光的心态不仅能够促进身体健康，还能提高生活的整体幸福感。

笑对人生的能力是可以培养和训练的。下面分享培养笑对人生的能力的10种方法。

1. 多做实事

动不动就胡思乱想，轻易就陷入一种情绪化状态中的人，最终既会伤害自己，也拖累他人。

我们会发现，一个人总是莫名其妙地想太多，就会活得越来越累，陷入越来越多的人生困局当中。

正如，作家松浦弥太郎说："所谓人生困境，不过是你胡思乱想，自我设置的枷锁。"你要明白，人生最大的敌人，不是外界、不是外人，而是自己。内耗越多，身体就越虚弱；身体越虚弱，做事就越被动，越难坚持。这难免让人身心疲惫，郁郁不得志，以致一事无成。

忧虑常常源于无事可做。我们应该多做实事，让自己忙碌起来，过充实的生活。这往往能带给我们成就感和价值感，让我们在生活中保持坚定和从容。

2. 持续学习

成长是一件令人快乐的事情。要实现持续学习，我们需要从以下几个方面入手。

（1）设定学习目标。明确自己想要学习的领域和方向，制订具体的学习计划，确保学习的针对性和有效性。

（2）选择合适的学习方式。结合个人实际情况和学习目标，选择适合自己的学习方式，如在线课程、实体培训、自学等。

（3）养成良好的学习习惯。坚持定时定量学习，避免拖延和懒散，确保学习的连续性和稳定性。

（4）积极参与实践。将所学知识应用到实际工作和生活中，通过实践来检验和巩固，实现知行合一。

（5）反思与总结。定期对自己的学习和实践进行反思和总结，找出自己的不足和需要改进的地方，为下一步的学习提供指导。

（6）保持好奇心和求知欲。保持对未知领域的好奇心和求知欲，勇于尝试新事物和挑战自我，不断拓宽自己的视野和认知。

（7）建立学习共同体。与他人分享学习资源和经验，共同学习和进步，形成学习共同体，相互激励和支持。

（8）坚持不懈。自我提升是一个长期的过程，需要我们有足够的耐心和毅力，坚持不懈地追求进步和成长。

3. 与人为善

怀着一颗善良的心，帮助他人，世界会因为你的善良而变得更加美好。善良的你，将活得堂堂正正、问心无愧，自然容易笑出来。

内心的慈悲是无价的，它不需要华丽的言辞来装饰，也不需要刻意地表现来彰显。它静静地流淌在每一个善良的人心中，成为他们生活的一部分。这种慈悲不仅仅是对他人的关怀，更是对自己的善待。它让人学会宽容、学会理解、学会感恩，从而让自己的生活更加充实和美好。

因此，我们在追求善行的同时，更应该注重培养自己的善心。只有内心真正充满慈悲与善良，善行才能发挥出最大的价值。用一颗善良的心去感受世界的美好，去传递温暖与关爱，世界才会变得更加美好。

4. 懂得感恩

懂得感恩的人，更懂得珍惜。世上没有谁的付出是理所当然的。我们要常怀感恩之心，及时对别人的帮助表示感谢并给予回报。

（1）记录感恩日记。每天写下你感激的事情，可以帮你意识到生活中的美好事物，并增强你的感恩意识。

（2）表达感激之情。当别人为你做了一些好事或给你提供了帮助时，及时向他们表达感激之情。这不仅可以让对方感到高兴，也可以增强你的感恩意识。

（3）学会珍惜。珍惜你所拥有的一切，包括家人、朋友、工作、健康等，意识到这些事物的价值，你会更加感恩。

（4）培养积极心态。积极的心态可以帮助你更好地面对生活中的挑战和困难，同时也可以让你更加感恩。

5. 宽以待人

宽以待人体现的是一种做人的风度和品格。君子贤而能容罢，知而能容愚，博而能容浅，粹而能容杂。这句话告诫我们与人相处时要以博大的胸怀理解、包容他人的不足，要想人长处，帮人短处，不挑剔、不苛求。

（1）体贴亲人，多为亲人着想。多站在亲人的角度为亲人着想，自己也会被体贴和温柔对待。

（2）尽量少讲话，多倾听，并给予理解。与他人交谈时，专注地听取他们所说的每一个细节，避免打断或插话，让对方感到被真正听到和理解。不要过早地批判对方的观点或行为。给予对方足够的时间和空间来表达自己，并保持开放和包容的心态。

（3）接纳别人的缺点，谅解别人的错误，不要得理不饶人。不轻易批评或指责，试着设身处地地看待问题，理解对方犯错的原因。考虑可能的情况和背景，以宽容的眼光看待他人的错误。

（4）积极给予别人支持和鼓励。在他人需要帮助或鼓励时提供支持，鼓励他们追求目标，克服困难，并在他们取得进步时给予肯定和赞美。支持和鼓励是建立积极、健康关系的重要组成部分，可以为他人提供激励和帮助，让他们感到被关心和支持。

（5）构建和谐的人际关系。尊重是构建和谐关系的基础。尊重他人的观点、感受和边界，不要贬低或轻视别人；展示关心、耐心和理解，建立信任和互相尊重的氛围。处理冲突时选择和平协商的方式，尽量避免争吵和攻击性行为。

6. 正视自己

（1）接纳过去的自己。在漫长的一生里，谁都会有大大小小的遗憾。看不开的人，总是揪着过去不放，拿过往的伤痛来折磨自己。这样做不但起不到任何弥补作用，反而会让一个人余生都活在痛苦之中。在往后的日子里，学会卸下心中沉重的包袱，我们才能在满是遗憾的人间，找到一条铺满鲜花的路。

（2）连接过去的自己。很多人活不好一生，症结就在于无法与真实的自己连接。觉得眼前的苟且太俗，不肯接受自己的平凡；认为过去的自己失败，不愿意与自己和解。其实，生活的答案，就是简单的"平凡"二字。接纳这一点，你才能更加清醒而强大，散发出自己的光芒。作为芸芸众生中的一员，若能享受平凡，活得自洽，哪怕寂寂无闻，哪怕落后于人，也能将这一生活得从容静好。

（3）疗愈过去的自己。人活一世，本就是一场不断在痛苦和磨难中强大自己的旅程。在受了伤之后，不自怨自艾，默默治愈自己，才能觉醒内心的力量。人这一生，就是一个同挫折斗争、受伤、痊愈、再受伤、再痊愈的过程。在这个过程里，很少有人会对你伸出援手，你只能一边受伤，一边接纳，一边成长。

7. 懂得取舍

在有限的生命里，我们面临着无数的选择，每个选择都代表着我们放弃其他可能性。懂得取舍是追求人生目标和幸福时必备的素质。

（1）取舍能帮助我们专注于重要的事情。把时间和精力集中在那些真正对我们有意义的事情上，就能更好地发挥自己的才能，取得更好的成果。

（2）取舍能避免我们分散注意力。在信息爆炸的时代，我们面临无数的干扰和诱惑，若不懂得取舍，就很容易迷失在琐碎的事务中，无法集中精力去追求更大的目标。

（3）取舍能帮助我们保持内心的平衡。清楚自己真正想要的东西是什么，并有勇气放弃那些不重要的事情时，就能更好地掌控自己的情绪和心态，享受人生的美好。

8. 积极乐观

有一句话形容得好："生活就像一面镜子，当你对它哭时，它就对你哭；当你对它笑时，它就对你笑。"积极乐观地面对生活，生活中才会充满欢笑。

（1）致力于自己的进步。成功从来都不是一蹴而就的。为了实现自己的目标，我们要经历不同的阶段并为此努力工作。我们需要接受这样一个事实：成功会在适当的时候不期而至。我们要做的是坚持不懈，循序渐进。

（2）接受不完美。人无完人，我们在认识自己的缺点和弱点时，也要接受自己的不完美。你可能数学不好，可能五音不全。这很正常。不要专注于你不擅长的事情，相反，把关注点聚焦在你擅长的领域。

（3）把消极的想法变成积极的。对任何事情都要心存感激，而不是抱怨，这样就能从不利的情况中发现转机，变消极为积极。只要你放轻松，就能找到解决办法。一开始可能很难，但坚持下来，这种思维方式就会变成一种好的习惯。因此，遇到困难时，要发现和评估问题，并学习解决问题。

9. 寻找欢乐

生活在和平年代，没有战争，该不该欢乐？衣食无忧，没有饥荒，该不该欢乐？父母身体健康，没有病痛，该不该欢乐？孩子乖巧懂事，聪明好学，该不该欢乐？有工作可干，没有失业，该不该欢乐？用手机点个外卖，好吃好喝的就能送来，该不该欢乐？虽远离家乡，一个视频电话，就能和亲人面对面聊天，该不该欢乐？……值得欢乐事情太多了，有待我们去发现。

生活中，从不缺少欢乐，而是缺少发现欢乐的能力。

（1）坚持阅读，让心灵去旅行。阅读，就是让自己变得更辽阔的过程。无论读什么，都要让自己沉浸其中，享受那份静谧与充实。当你爱上读书时，你会发现快乐原来如此简单。

（2）走进自然，感受生命的美好。自然，是生命之源。有时间了，就多出门转转，不管是小区附近的公园，还是出远门爬山看海，都可以让身体得到放空，让心灵得到治愈。

（3）整理房间，让身心保持舒畅。干净舒适的环境，可以带来身体的放松和心境的平和，增加生活中的幸福感。

（4）享受独处，学会与自己对话。年龄越大越懂得，人生最好的境界，是丰富的安静。学会放空自己，享受一个人的时光，是一种难得的幸福。当你学会了独处，也就学会了与世界相处。在独处的时光里，倾听内心深处的声音，将生命活出本色，终会遇见更美好的自己。

（5）坚持运动，健康是快乐的基石。从现在开始，注重身体的锻炼与保养。可以练练太极拳，提高身体的平衡性和协调性，或者做做健身操，提高心肺功能。你一定要记住：生命不息，运动不止。

（三）规律之节

从古至今，智者都在强调作息规律的重要性。遵循自然节律，日出而作，日落而息，就能够保证充足的休息。这样的生活节奏，会让双歧杆菌感到舒适，让它们在有序的环境中茁壮成长。

1. 健康的作息时间表

（1）睡眠时间安排。固定的睡眠时间可以稳定生物钟，提高睡眠质量。成年人每天晚上 10 点到 11 点之间入睡，早上 6 点到 7 点之间起床。这样的睡眠时间安排，可以确保每晚获得 7~8 小时的优质睡眠，有助于身体和大脑的修复与恢复。坚持这样的作息时间，可以让身体逐渐形成自然的睡眠节律，减少失眠的发生。

（2）饮食时间安排。规律的饮食时间有助于消化系统的健康运作，防止消化不良和胃部疾病。健康的作息时间表不仅包括睡眠，还涉及饮食时间。将早餐安排在早上 7~8 点之间，可以在一夜的空腹状态后及时补充能量。午餐最好在中午 12 点到 1 点之间进行，以维持下午的精力。晚餐则应在晚上 6~7 点之间，这样可以避免过晚进食对睡眠的影响。

2. 健康作息建议

（1）均衡饮食。均衡饮食对健康作息同样重要。早餐要含有丰富的蛋白质和纤维，午餐和晚餐要保持营养均衡，避免高脂肪和高糖食物。同时，饮食时间要规律，避免过晚进食和暴饮暴食，以便减少消化系统的负担，促进更好的睡眠。

（2）合理安排工作与休息。在工作和学习中合理安排时间，避免长时间连续工作。每工作 1 小时，应休息 10 分钟，做一些伸展运动或闭目养神，以缓解眼部和身体的疲劳。工作结束后，应安排时间进行放松活动，如散步、听音乐或与家人朋友交流，以便缓解一天的压力，促进身心健康。

（3）注重运动。每天坚持适量运动，不仅能增强体质，还能改善睡眠质量。运动时间最好安排在早上或傍晚，避免在临睡前进行剧烈运动，因为剧烈运动会使身体处于兴奋状态，影响入睡。适度的运动如慢跑、游泳和瑜伽，不仅有助于身体健康，还能缓解压力和焦虑。

（四）食物之选

在促进双歧杆菌生长方面，饮食扮演着至关重要的角色。

1. 摄入含有丰富的多糖的食物

食物多样性决定了肠道微生物种类的多样性，每种微生物都有其特定的代谢途径和消化能力。双歧杆菌作为肠道中重要的益生菌，对某些食物成分具有偏好性，如含有丰富的多糖的食材。日常饮食中增加这些双歧杆菌喜好的食物，可以为双歧杆菌提供必要的营养，促进其生长和繁衍，从而增强肠道微生物群的平衡。

特定食物，如山药、藕、芋头、秋葵、木耳等，含有丰富的多糖，可以作为双歧杆菌的益生元，促进其在肠道中的生长和繁衍。

多糖不易被人体消化酶分解，但能被双歧杆菌等有益菌发酵利用，产生短链脂肪酸等有益代谢产物，从而有助于维护肠道健康。这些食材还可能含有其他营养成分，如维生素和矿物质，对提高整体健康同样有益。因此，将这些含有丰富的多糖的食物纳入日常饮食，不仅有助于双歧杆菌的增长，也是实现肠道健康和提高生活质量的有效策略。

然而，过度刺激的食物，如辛辣、高脂肪或高糖食品，可能会对双歧杆菌等有益菌群的生存环境造成破坏，导致肠道菌群失衡。因此，要想维护均衡的饮食结构，就要避免过度刺激的食物，保护和促进双歧杆菌的生长。这不仅有助于肠道健康，也是实现整体健康的关键因素。

2. 饮食习惯与人体的健康密切相关

饮食习惯与人体的健康密切相关。长寿人群一般食用新鲜的、加工程度最小的食物，并以杂粮谷物为主食。同时，他们有节制地或根本不消费某些具有一定危害的饮食，如烈酒、咖啡、精制的脂肪、淀粉和糖；他们的饮食中有着独特的绿色无污染食品，如珍珠黄玉米、茶籽油、巴马香猪、油鱼、芭蕉芋、黑豆等。

通过对世界上主要的长寿地区的研究和调查发现，长寿人群日常摄入大量的谷物制品，摄取了充足的非消化性寡糖、多糖等益生元成分，促进了肠蠕动和肠道双歧杆菌等有益菌增殖，有效地抑制了有害菌的定植，减少了致癌物生成，从而预防疾病，增进健康。

所以，合理饮食可以有效地维持肠道菌群平衡，保持健康，延年益寿。

（五）爱上运动

1. 如何才能做到运动自律呢

（1）设定目标。在开始运动之前，你需要设定一个明确的目标，比如，减肥、增肌、提高身体素质等。设定目标可以让你更加有动力和方向感。

（2）制订计划。根据你的目标，制订一个详细的运动计划。这个计划应该包括运动的时间、地点、方式等。制订计划可以让你更加有条理和规律地进行运动。

（3）找到适合的运动方式。每个人的身体状况和兴趣爱好不同，因此适宜的运动方式也不同。你可以尝试不同的运动项目，如跑步、游泳、瑜伽、健身等，找到自己最喜欢的一种。

（4）建立奖励机制。在完成一个小目标后，你可以给自己一个小奖励。这个奖励可以是一件新衣服、一顿美食或者一次旅行。建立奖励机制可以让你更有动力和成就感。

（5）寻找运动伙伴。和朋友或家人一起运动，可以让运动更加有动力和乐趣。你们可以互相鼓励和支持，一起分享运动的快乐。

（6）坚持就是胜利。运动是一个长期的过程，需要坚持不懈地努力，不要因为短期内看不到效果而放弃，要相信坚持就是胜利。

2. 注意事项

（1）避免过度运动。过度运动可能会导致身体疲劳、肌肉酸痛、运动损伤等问题。我们应该根据个人的身体状况和运动计划逐渐增加运动强度和时间，避免一开始就过度运动。

（2）注意饮食和休息。运动需要消耗能量，应该注意饮食和休息。应该选择健康的饮食，例如少吃高热量的食物。同时，应该保证充足的睡眠和休息，让身体有足够的时间恢复和修复。

（3）防止运动受伤。最好选择适合自己的运动方式和运动场所，注意运动装备的质量和安全性。同时，应该进行适当的热身和拉伸，避免运动前没有准备和运动后没有恢复。

三、抓住补充双歧杆菌的第二次机会

在自然环境中，双歧杆菌的种群会随着时间的推移而逐渐减少，这是由于多种因素包括饮食习惯、年龄增长、疾病等的影响。然而，适量补充双歧杆菌可以显著增加肠道内双歧杆菌的占比，维持或恢复肠道微生态的平衡，让整个肠道系统变得更加健康和稳定。这不仅能够提高我们的免疫能力，还能帮助我们更好地消化食物，甚至还能让我们的心情变得更加愉快。

如何增加肠道中的双歧杆菌呢？

1. 食用含有双歧杆菌的产品

如果你想补充双歧杆菌，那可以在医生的指导下饮用含双歧杆菌或乳酸菌的饮品，也可直接喝双歧杆菌或乳酸菌的微生态制剂。

2. 摄入双歧因子

我们可通过摄入双歧因子来促进人体自身固有双歧杆菌的生长繁殖。所谓双歧因子，主要是指一些功能性低聚糖，它们可以选择性地被双歧杆菌作为营养来利用。

这些低聚糖主要有异麦芽低聚糖、低聚果糖、低聚半乳糖、大豆低聚糖、低聚木糖等。这类低聚糖的甜度是蔗糖的 30%~60%，热值只有葡萄糖的 1/2。

它们之所以能够作为双歧因子，是因为具备这样几个共同特点：难以被人体消化吸收，不会被酵母或人体中大多数有害细菌所利用；在口腔中不被龋菌利用，可防止蛀牙；不能被人体消化道中的酶水解，不能为小肠所吸收，可进入大肠而被大肠中的双歧杆菌利用，使体内双歧杆菌大量繁殖，从而发挥其保健功能。

低聚糖作为一种食物配料被广泛应用于食品中。酵素中也含有大量的低聚糖，其中一部分来自发酵时使用的果蔬原料，多数是成品时添加进去的，如低聚果糖、低聚异麦芽糖等。在酵素中添加低聚糖，可以调节肠道菌群、润肠通便、调节血脂、增强免疫力等，还能改善酵素口感。因而，饮料酵素也可达到补充双歧因子、促进双歧杆菌生长的作用。

后 记

微生物是构成地球生态系统多样性的关键成员。对人类健康具有显著的正面影响。

想象一下，你正站在一个繁忙的街角，周围是高楼大厦，人来人往。你可能不知道，你所在的地方不仅是一个地理上的交汇点，更是一个微生态的交汇点。因为我们每个人都像是一座移动的岛屿，携带着无数的微生物。

1. 皮肤与微生物的共生关系

这些微生物，有的在我们的皮肤上"安家"，有的在我们的肠道里"筑巢"，有的甚至在我们的细胞内悄悄"居住"。我们和它们之间的关系，就像是一场精彩的"共生大戏"。比如，将你的手放在显微镜下放大无数倍，你将能看到一个热闹非凡的"社区"。这里的"居民"，有的可以帮你抵御外来的病原体，有的可以在你的皮肤上找到美味的皮脂大餐。它们和你的关系如同房东和租客一般，相互依存又相互制约。

2. 肠道微生物的健康作用

在我们的肠道里，微生物的种类和数量多得惊人，作用更是难以想象。比如，某些微生物可以帮助我们消化食物、合成维生素，甚至影响我们的情绪和行为。虽然有时候它们会因为食物的变化或药物的使用而发生争斗，但多数时候都能和谐相处，共同维护着我们的健康。而细胞内的微生物就像"特工"，悄无声息地在你的细胞内执行任务：有的帮你修复 DNA，有的则可能成为病原体。但不管怎样，它们都是你身体不可缺少的一部分。

3. 微生物与人类共生的复杂性

在这个微生态的世界里，微生物和人类简直就是一对欢喜冤家，既相互利用、相互斗争，又相互包容、相互团结，共同构建了一个复杂而又精妙的生态系统。

　　记住，我们不是孤独的，我们和无数的微生物共同生活在这个世界上。它们是我们的伙伴，是我们的朋友，更是我们不可分割的一部分。

鸣 谢

在本书即将出版之际，首先，衷心感谢为本书出版做出过支持、帮助，提出过宝贵意见的各位专家、学者和老师们！

在本书编撰出版过程中，特别感谢为本书的策划、撰写、出版过程中大量付出的所有人！反反复复地讨论、修改，不时地补充新素材、新观点及新研究成果等，每段文字都有你们的心血。

经过几年的酝酿及准备，我始终感觉自己才疏学浅、有心无力，缺乏下笔的勇气。在你们的鼓励和催促下，终于鼓起勇气，从众多的素材中选取了一些自我感觉珍贵的点逐一记录罗列出来。于 2019 年开始动笔，经历了 5 年多时间的撰写和修改，终于在 2024 年年底完成初稿。

在写作过程中，很多的观点、一些提法跟过往完全不同。我斗胆地以实践和实际结果为准。比如，过往很多文献和资料中都讲双歧杆菌"不运动"。可是，我们现在通过显微镜放大 100~400 倍就能清晰地看到运动的双歧杆菌。双歧杆菌通过胃酸，也是一个很难的问题。最终，我们通过四盲（生产者、实验者、操作者、统计者）实验，根据受检测者粪便中活着的双歧杆菌使用前后对比报告来判断。实验组变化十分显著，而安慰剂组和对照组变化不显著。

双歧杆菌，从发现开始，就具有划时代的意义。在发现双歧杆菌之前，人们认为微生物是有害的，是会导致人生病的。而发现双歧杆菌之后，人们才发现原来并不是所有的微生物都对人有害。

双歧杆菌对人的健康具有十分重要的意义。

现实生活中，双歧杆菌方面的科普读物很少，而很多人都在使用益生菌。但是，由于人们对益生菌的认知还比较肤浅，加上双歧杆菌厌氧的特性，人们对双歧杆菌的作用研究文献很多。但是，在前期研究及后期应用方面，还有很大的空白。

本书侧重于双歧杆菌应用领域方面的科普，旨在让更多的人了解双歧杆菌，科学选择和应用双歧杆菌，为实现全民健康尽一份心，为实现大健康战略助力！

感谢编辑和出版团队的支持和帮助。你们在整个写作过程中提供的宝贵建议和指导，对书籍完善及出版起到了重要作用。

特别感谢：张杰、谭香慧、沈建萍、李全福、周正浩（中国台湾）、吴森、徐春静、张铁良、姜丽君、马艺达。